Zur Einführung.

Die Werkstattbücher werden das Gesamtgebiet der Werkstattstechnik in kurzen selbständigen Einzeldarstellungen behandeln; anerkannte Fachleute und tüchtige Praktiker bieten hier das Beste aus ihrem Arbeitsfeld, um ihre Fachgenossen schnell und gründlich in die Betriebspraxis einzuführen.

So unentbehrlich für den Betrieb eine gute Organisation ist, so können die höchsten Leistungen doch nur erzielt werden, wenn möglichst viele im Betrieb auch geistig mitarbeiten und die Begabten ihre schöpferische Kraft nutzen. Um ein solches Zusammenarbeiten zu fördern, wendet diese Sammlung sich an alle in der Werkstatt Tätigen, vom vorwärtsstrebenden Arbeiter bis zum Ingenieur.

Die „Werkstattbücher" werden wissenschaftlich und betriebstechnisch auf der Höhe stehen, dabei aber im besten Sinne gemeinverständlich sein und keine andere technische Schulung voraussetzen als die des praktischen Betriebs.

Indem die Sammlung so den Einzelnen zu fördern sucht, wird sie dem Betrieb als Ganzem nutzen und damit auch der deutschen technischen Arbeit im Wettbewerb der Völker.

WERKSTATTBÜCHER
FÜR BETRIEBSBEAMTE, VOR- UND FACHARBEITER
HERAUSGEGEBEN VON EUGEN SIMON, BERLIN
HEFT 5

Das
Schleifen der Metalle

von

Dr.-Ing. Bertold Buxbaum

Mit 71 Textfiguren

Springer-Verlag Berlin Heidelberg GmbH
1921

Inhaltsverzeichnis.

		Seite
I.	Die Schleifmaschinen	3
II.	Die Schleifwerkzeuge	7
	A. Die Schleifstoffe	8
	B. Die künstlich gebundenen Schleifwerkzeuge	11
	C. Die Scheibenformen	15
III.	Allgemeine Schleifregeln	17
	A. Das Schruppen	18
	Die Bindung	18
	Die Korngröße	21
	Die Umfangsgeschwindigkeit der Schleifscheibe	25
	Der Werkstückvorschub	27
	Der Längsvorschub	28
	Der Tiefenvorschub	28
	B. Das Schlichten	29
	C. Zusammengefaßte Regel	30
	D. Spanleistungen, Kalkulation usw.	30
	Die Berechnung der Schleifzeit	32
	E. Die Schleifgenauigkeit	34
	F. Trocken- und Naßschleifen	34
	G. Behandlung und Befestigung der Schleifwerkzeuge	36
	Sandsteine	36
	Abziehsteine	36
	Schleifscheiben, Behandlung	37
	Schleifscheiben, Aufspannen	38
	H. Das Abrichten der Schleifscheiben	39
	J. Scheibenschutz	42
IV.	Besondere Schleifregeln für die einzelnen Schleifverfahren	42
	A. Rundschleifen	42
	B. Innenschleifen	49
	C. Flachschleifen	51
	D. Feinschleifen	52
	E. Scharfschleifen	56

Ursprünglich erschienen bei Julius Springer in Berlin 1921

ISBN 978-3-662-41982-3 ISBN 978-3-662-42040-9 (eBook)
DOI 10.1007/978-3-662-42040-9

I. Die Schleifmaschinen.

Die Entwicklung der verschiedenen Schleifarten. Als Schleifen bezeichnet man vier verschiedene Bearbeitungen mit mineralischen Werkzeugen:

1. das Schärfen von Schneidwerkzeugen;
2. die Wegnahme von überschüssigem Material an Stelle des Abmeißelns oder Abfeilens;
3. das Polieren oder Blankmachen von Flächen des Aussehens wegen;
4. das Maßschleifen von Flächen, die aufeinander sitzen oder gleiten, oder die zum Messen dienen sollen.

Die erste und zweite Art ist seit Urzeiten bekannt: die Anfertigung von Schneidwerkzeugen zu Jagd-, Haushalts- und Kriegszwecken stellt eine der ältesten menschlichen Kulturbetätigungen dar. Steine, Knochen und Gräten wurden mit Steinen oder Sand scharf oder spitz geschliffen, Quarzsand und Schleifhölzer dienten zum Trennen von Rohsteinen. Dies war die früheste Materialbearbeitung, die einzige, die mit den Hilfsmitteln auszuführen war, welche die Natur fertig darbot.

Die dritte Art des Schleifens, das Blankmachen zum Zwecke des besseren Aussehens, ist erst später zur Anwendung gelangt. Diese Bearbeitungsart entsprang keinem Gebot der Notwendigkeit wie die ersten, sie diente zur Herstellung von Gegenständen des Schmucks und des Kunsthandwerks. Als Schmuck verwandte man lange Zeit fertig aufgefundene Steine, Muscheln, Zähne oder Bernstein, das leicht zu hämmernde Gold, das geschnitzte Horn oder die gegossene Bronze. Im Altertum verstand man bereits sauber polierte Metallspiegel herzustellen, und sicherlich lernte man schon frühzeitig Schutzwaffen blank zu polieren; aber noch die mittelalterlichen Edelsteine sind gar nicht oder sehr roh geschliffen.

Die Verwendung der vierten, weitaus wichtigsten Art der Schleiferei im Maschinenbau wurde zum Bedürfnis, als die steigende Güte der Erzeugnisse und die Ansprüche, die man an die geringe Abnutzung aufeinander gleitender Flächen stellte, eine ausgedehnte Verwendung des gehärteten Stahles mit sich brachte. Das Rundschleifen von Gewehrläufen auf Maß kannte man schon im 18. Jahrhundert; die Arbeit erfolgte freihändig am Sandstein und ließ sich nicht auf den Maschinenbau übertragen, da sie eine große Handgeschicklichkeit und Übung erforderte. Die Bearbeitung von gehärteten Stahlteilen, insbesondere Stahlzapfen und Stahlbuchsen, verlangte das Schleifwerkzeug, das harte mineralische Schleifkorn, denn solche Teile lassen sich mit Metallschneiden nicht mehr bearbeiten. Sie müssen nach dem Härten bearbeitet werden, da sonst die beim Härten unvermeidlichen Formveränderungen ein gutes Zusammenarbeiten unmöglich machen. Man behalf sich zunächst so, daß man Zapfen und Buchse mit feinem, lose eingestreutem Schmirgelpulver unter Ölzusatz ineinander rieb Auch für das Zusammenpassen ebener Flächen war loser Schmirgel durchaus üblich. Mit steigender Vervollkommnung der Werkstattstechnik empfand man es als unerträglich, daß feinste Teilchen des zum Schleifen benutzten Schmirgelpulvers in den Poren des Arbeitsstückes haften blieben und nachher beim Zusammenarbeiten zum Fressen führten. Außerdem ist das Verfahren langwierig, für die Massenfabrikation unbrauchbar, da es keine austauschbaren, sondern nur paarweise zusammenpassende Teile liefert, und dazu erfordert es geschickte Arbeiter. So wurde das Aufschleifen von ebenen Flächen durch das Schaben ersetzt, und für gehärtete Zapfen und Bolzen entstand die Rundschleiferei.

Das Zeitalter der Schleifmaschinen beginnt mit den 70er Jahren, als Brown & Sharpe ihre Universal-Rundschleifmaschinen herausbrachten, und gleichzeitig sind die modernen Werkzeugschleifmaschinen (Fräserschleifmaschinen für hinterdrehte Fräser und Spiralbohrerschleifmaschinen) entstanden. Das Fertigschleifen geschlichteter Stücke auf der Drehbank mit Schmirgelleinwand oder losem Schmirgel, Öl und Holzkluppe war Handarbeit, und die Genauigkeit der Rundheit sowohl als der Geradheit hing von der Geschicklichkeit des Arbeiters ab. Die Schleifmaschine machte diese beiden Genauigkeitsgrade vom Arbeiter unabhängig, sie überließ ihm nur das Messen. Allerdings unterscheidet sich die Schleifmaschine von den anderen Werkzeugmaschinen, die mit Stahlwerkzeugen arbeiten: Die Schleifscheibe nutzt sich von Werkstück zu Werkstück ab und erfordert deshalb eine häufigere Maßkontrolle als jene; dazu kommt beim Rundschleifen die von der Handgeschicklichkeit abhängige Lünettenzustellung, von der bei langen Werkstücken die Geradheit abhängt. Die Schleifscheibe ist aber den Stahlwerkzeugen durch die Feinheit des abgenommenen Spans, d. h. den geringen Arbeitsdruck, sowie durch die große Schneidhaltigkeit und das bequeme am Ort erfolgende Nachschärfen, und damit an Genauigkeit überlegen. Die Arbeitsgenauigkeit der Stahlschneiden hat eine gewisse Grenze, die einerseits durch das Federn der Schneiden, Werkzeugkörper, Werkstücke, Aufspannvorrichtungen und Maschinenteile, andererseits durch das an der Schnittstelle auftretende Zusammendrücken des Materials gegeben ist. Hierzu kommt das Stumpfwerden von Schnitt zu Schnitt, die Ungenauigkeit des Schleifens und des Einstellens des Werkzeugs, und beim Fräsen Unterschiede in den Abständen der einzelnen Fräserzahnschneiden von der Achse, sowie andere, in der Natur des Fräsens liegende Mängel. Einige dieser Übelstände nehmen bei Verkleinerung der Spanstärke (bei Schlichtarbeiten) ab, es liegt also nahe, letztere zu verringern, gleichzeitig aber die Schnittgeschwindigkeit zu vergrößern, damit die Wirtschaftlichkeit nicht leidet. Kleine Spanstärken bei hoher Schnittgeschwindigkeit liefert die Schleifscheibe aber in idealer Weise.

Der Rundschleifmaschine folgte die Flach- und dann die Innenschleifmaschine.

Um die Wende des Jahrhunderts wurden die Maschinen — besonders die Rundschleifmaschinen — sehr verstärkt; während bis dahin schmale Schleifscheiben und kleine Vorschübe üblich waren und meist trocken geschliffen wurde, kamen jetzt breite Scheiben und große Vorschübe unter starker Wasserzufuhr zur Anwendung. Da gleichzeitig die Güte der Schleifscheiben erheblich verbessert wurde, so erfolgte nunmehr ein weitgehendes Eindringen der Schleifmaschine aus der Werkzeugmacherei in die Maschinenwerkstatt unter Übernahme vieler Arbeiten, die bis dahin der Drehbank zustanden, und zwar nicht nur für das letzte Feinschlichten, sondern für das Fertigmachen von ganz grob vorgeschruppten Teilen. Dabei war das zeitliche Zusammentreffen des Schnellstahls und der hochwertigen modernen Schleifscheibe für die Metallbearbeitung außerordentlich glücklich. Der Schnellstahl leistet sein Bestes beim Schruppen, die Schleifscheibe beim Schlichten; beide können sich also die Arbeit teilen.

Heute sind die Zeiten vorbei, da man geschliffene Maschinenteile für einen Luxus, und das Schleifen für ein zwar genaues, aber langsames, schwieriges und teueres Arbeitsverfahren hielt; das Schleifen von runden und ebenen, gehärteten und ungehärteten Stücken ist billiger als irgend eine andere Fertigbearbeitung

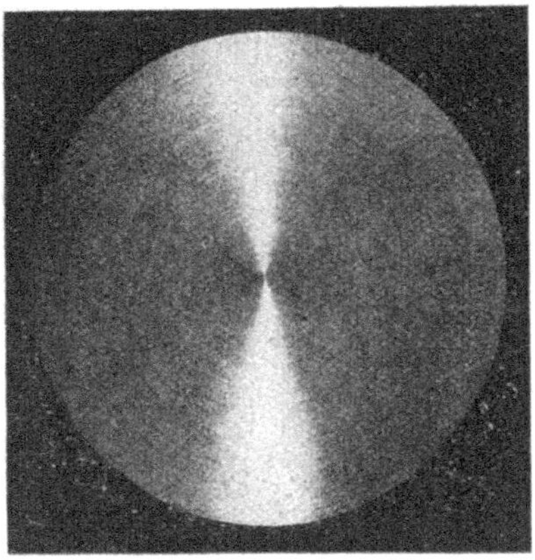

Fig. 1. Gedrehte Fläche.

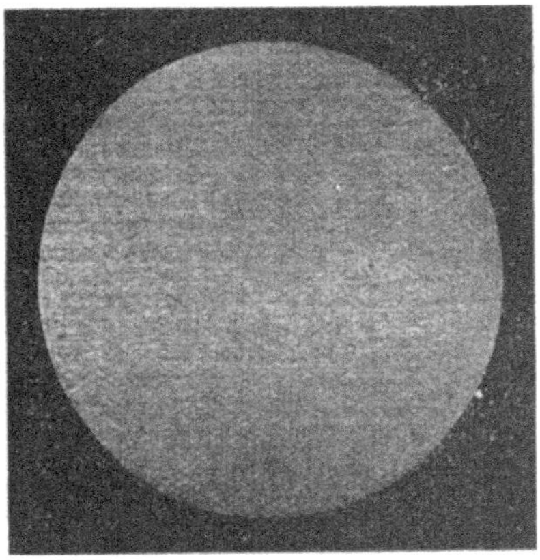

Fig. 2. Vorgeschliffene Fläche.

gleicher Güte geworden. Das gilt nicht nur für Massen-, sondern auch für Einzelanfertigung. Während bei letzterer die dem Schleifen vorangehenden Arbeitsstufen unwirtschaftlicher zu sein pflegen als bei Massenfertigung, gilt dies für das Schleifen nicht annähernd in gleichem Maße. Die Schleifmaschine ist ständig arbeitsbereit, das Werkzeug sitzt stets gebrauchsfertig auf der Maschine. Dazu ist die Aufnahme der Arbeitsstücke — soweit diese normal sind — höchst einfach. Die im Verhältnis zur Fertigbearbeitung mittels Stahlwerkzeug gemachten Ersparnisse sind also gerade bei Einzelfertigung größer.

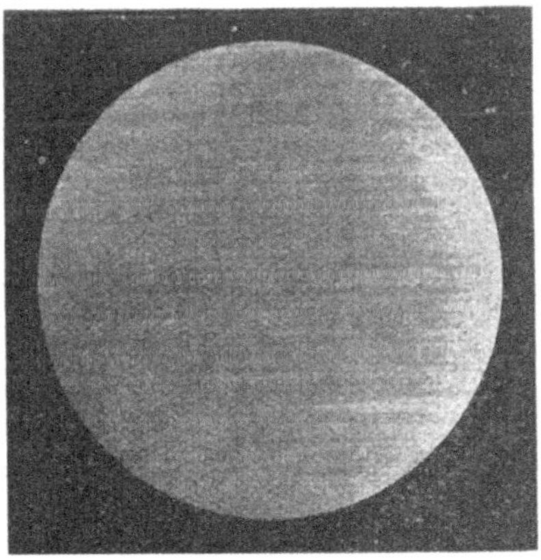

Fig. 3. Nachgeschliffene Fläche.

Zur Veranschaulichung des Aussehens gedrehter und geschliffener Flächen mögen die Figg. 1 : 3 dienen [1]). Fig. 1 zeigt eine plangedrehte Fläche, Fig. 2 eine mit der Scheibe vorgeschliffene, Fig. 3 eine mit der Scheibe nachgeschliffene Fläche.

Die Schleifmaschinenarten. Die wichtigsten Schleifmaschinen für Metalle gliedern sich in folgende Gruppen:

I. Maschinen ohne unmittelbaren Schleifmittelträger.

Die Scheuertrommel, zum Polieren von einfachen Teilen mit Hilfe von Schleifgemischen aus Kieseln, Sand, Zunder, Nägeln, Lederabfällen, Wiener Kalk, Sägespänen und unter Umständen auch Wasser.

[1]) Dieselben wurden von der optischen Anstalt C. P. Goerz, A.-G., für vorliegenden Zweck freundlichst angefertigt.

II. Maschinen mit Schleifmittelträger (meist scheibenförmig).

A. Mit losem oder aufgeklebtem Schleifpulver.

1. Polierböcke und Schleifböcke zum Blankschleifen oder Polieren. Spindel wagerecht. Als Werkzeug dienen Metallscheiben mit aufgeklebtem Schmirgelpapier, Holz-, Leder-, Filz- oder Tuchscheiben mit aufgeklebtem bzw eingestreutem oder in Form von Fettpaste eingeriebenem Schleifpulver.

2. Metallscheiben-Schleifmaschinen zum Genauschleifen von Werkzeugen und feinmechanischen Teilen. Das Werkzeug besteht in einer runden, wagerechten oder lotrechten Kupfer-, Gußeisen-, Weichmetall- oder Antimonscheibe mit eingewalztem oder mit Fett eingeriebenem Schleifpulver, oder auch mit aufgeklebtem Schleifbelag.

3. Riemenschleifmaschinen. Das Schleifpulver wird auf einen endlosen, wagerechten oder lotrechten Riemen aufgeklebt bzw. eingerieben, oder ein Schmirgelleinenband wird aufgelegt. Die Maschinen erzeugen einen geraden Strichschliff.

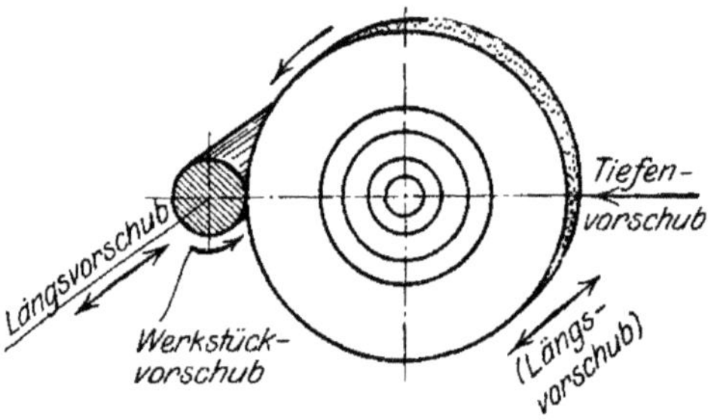

Fig. 4. Rundschleifen. (Schema.)

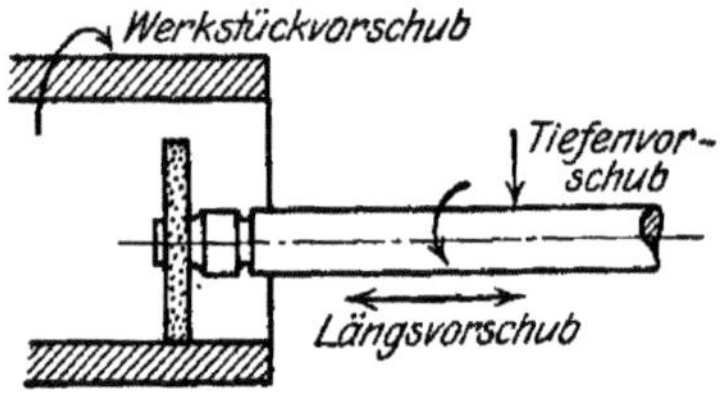

Fig. 5. Innenschleifen (Schema).

B. Mit festen Schleifscheiben.

1. Einfache Schleifböcke mit wagerechter Spindel zum Gußputzen oder Stähleschleifen. Die Scheibe ist natürlichen oder künstlichen Ursprungs. Es wird trocken (mit Staubabsaugung) oder naß gearbeitet.

2. Rundschleifmaschinen (allgemeiner Ausdruck für Außenrundschleifmaschinen). Spindel wagerecht. Die Bewegungen des Werkstücks und der Schleifscheibe erfolgen von Hand oder (im Gegensatz zu den bisher genannten Maschinen) selbsttätig. Es werden — ebenso wie bei den folgenden Maschinen — nur künstliche Schleifscheiben verwandt. Die Arbeit erfolgt meist unter starker Wasserzufuhr (Fig. 4).

3. Innenschleifmaschinen.

   a) Mit allgemeinen Verwendungszwecken. Die Spindel ist wagerecht, die Arbeitsweise trocken oder naß (Fig. 5).

   b) Zylinderschleifmaschinen. Für ein- oder mehrfache Automobilzylinder. Das Werkstück steht fest, die wagerechte oder lotrechte Schleifspindel besitzt Planetenbewegung, das Schleifen geschieht trocken.

4. Flächschleifmaschinen. Die Scheibe arbeitet mit der Stirnfläche (wagerechte oder lotrechte Spindel, Fig. 6) oder mit dem Umfang (nur wagerechte Spindel, Fig. 7); die letzten beiden dieser drei Ausführungen mit hin- und hergehendem oder kreisendem Aufspanntisch. Trockene oder auch nasse Arbeitsweise.

5. Universalschleifmaschinen. Vereinigen die Arbeitsgebiete von 2, 3a und teilweise auch 4.
6. Sonderschleifmaschinen (für Walzen, Messer, Zahnräder usw., auch tragbare und freischwingende Maschinen [Pendelrahmenschleifmaschinen], Schleifscheiben mit Antrieb durch biegsame Welle usw.).
7. Werkzeugschleifmaschinen für allgemeine mehrzahnige Werkzeuge (Fräser, Reibahlen, Senker usw.) und Sondermaschinen für Spiralbohrer, Schneidstähle, Rachenlehren, Endmaße usw.

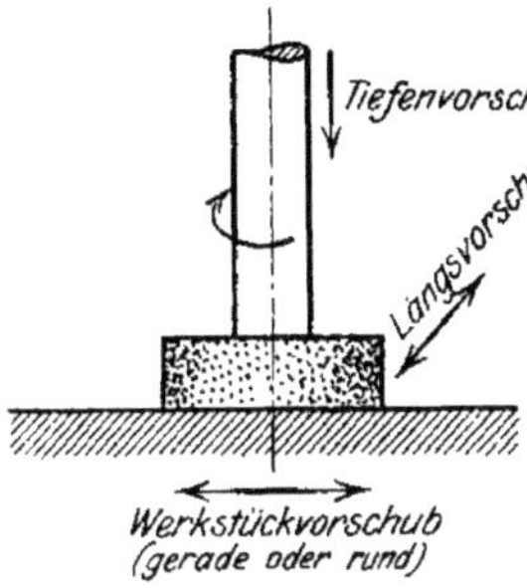

Fig. 6. Flachschleifen mit der Scheiben-Stirnfläche und lotrechter Spindel (Schema).

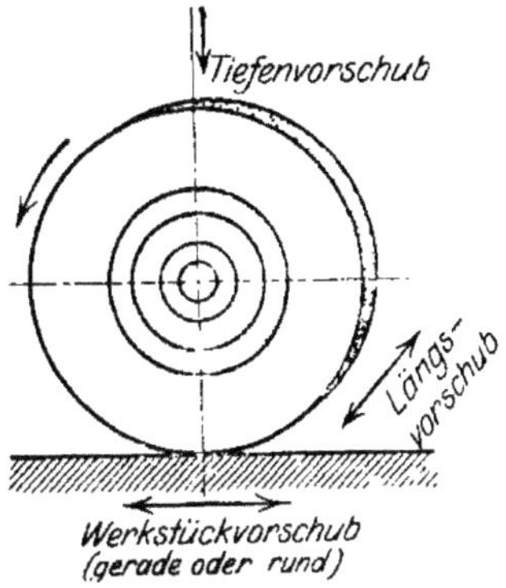

Fig. 7. Flachschleifen mit dem Scheiben-Umfang und wagerechter Spindel (Schema).

Für fast alle Schleifmaschinen gilt die Forderung großer Genauigkeit und Starrheit, da die hohen Geschwindigkeiten und Massen der Schleifscheibe die Gefahr von Erzitterungen mit sich bringen, und da das Werkzeug oft eine breite Fläche auf das Werkstück überträgt, so daß der Arbeitsdruck verhältnismäßig groß ist; denn wenn auch der einzelne Spandruck klein ist, so ist doch die Anzahl der Einzeldrücke überaus groß. Schwerd (s. S. 31) rechnet bei Rundschleifmaschinen für eine Schleifscheibe von 600 mm Durchmesser und 50 mm Breite mit 75 kg Anpreßdruck bei 0,04 mm Tiefenvorschub.

II. Die Schleifwerkzeuge.

Ehe die Schleifmittel besprochen werden, vergegenwärtige man sich die Wirkungsweise eines Schleifkorns, damit einleuchtet, worauf es hierbei ankommt. Ein scharfes Schleifkorn ist ein Schneidwerkzeug ebenso wie ein Drehstahl oder ein Fräser. Die Schleifscheibe unterscheidet sich von diesen Werkzeugen dadurch, daß ihre Schneiden (das sind die vorstehenden Kanten der Schleifkörner) schwächer und viel kleiner sind (abgesehen von der unregelmäßigen Größe der Schneidenwinkel), und daß ihre Schnittgeschwindigkeit bis ins Riesenhafte gesteigert werden kann, ohne daß die Schneiden ausglühen. Was den Schleifkörnern an Schneidtiefe und -breite abgeht, das ersetzen sie durch ihre große Schnittgeschwindigkeit und Anzahl. Die moderne Schleifscheibe verhält sich zu den früher üblichen, aus Leim und Schmirgel zusammengeklebten Scheiben etwa wie ein grobgezahnter Fräser zu einer Schlichtfeile; ihr Anwendungsgebiet erstreckt sich heute, der verhältnismäßig freischneidenden Wirkung ihrer Schleifkanten wegen, nicht mehr wie früher nur auf gehärteten Stahl, sondern auf die verschiedenartigsten Werkstoffe, ungehärteten Stahl, Stahlguß, Gußeisen, Kupfer, Messing, Bronze, Vulkanfiber, Hartgummi, Glas, Porzellan, Stein, Elfenbein, Knochen usw.

Der krasse Unterschied zwischen den modernen und den früher benutzten Schleifscheiben wird klar, wenn man die Figg. 8 und 9 ansieht. Fig. 8 zeigt verbrannte Stahlspäne, die von einer altmodischen Schleifscheibe ohne Wasserzufuhr abgeschliffen wurden. Sie sind teils verbrannt, teils geschmolzen und erwecken mehr den Eindruck eines Abwürgens als eines Abschneidens. Fig. 9 zeigt dagegen einige mit einer freischneidenden Scheibe abgeschliffene Stahlspäne, die durch besondere Vorsichtsmaßregeln vor dem Verbrennen und Zerbrechen geschützt wurden [1]). Von diesen Spänen werden beim Rundschleifen mehrere Millionen in jeder Sekunde abgeschert. (Man rechnet normalerweise, daß ungefähr $^3/_4$ des abgeschliffenen Metalls aus Spänen und höchstens $^1/_4$ aus geschmolzenen Kügelchen besteht.)

A. Die Schleifstoffe.

Die natürlichen Schleifmittel (Quarz und Aluminiumoxyd). Am längsten bekannt ist der Quarz (Siliziumdioxyd) Härte 6÷7 auf der zehnteiligen Mohsschen Härteskala. Zum Schleifen verwendet man ihn entweder lose als Kiesel oder Sand, besonders Fluß- und Seesand (Scheuertrommel) oder aufgeklebt auf Papier (wozu auch gemahlener Feuerstein — Flint — benutzt wird), oder in fester Form als Sandstein und Abziehstein (Ölstein). Auch werden billige Scheiben, besonders zum Schleifen von Hobelmessern und Sägen, aus Quarz hergestellt; hierzu wird er häufig (zum Zwecke der Täuschung) schmirgel-

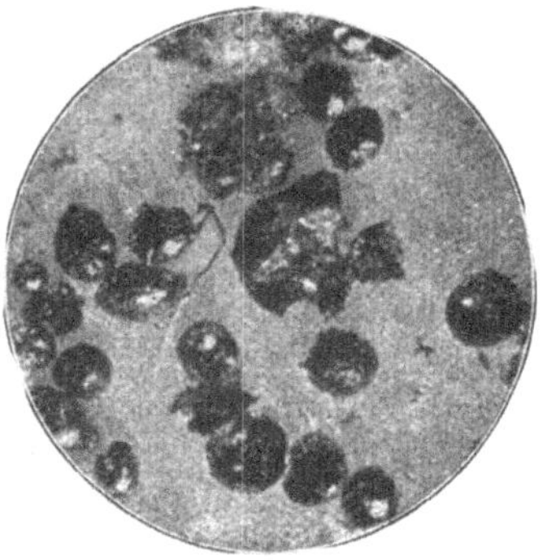

Fig. 8. Verbrannte und geschmolzene Schleifspäne (50fach vergrößert).

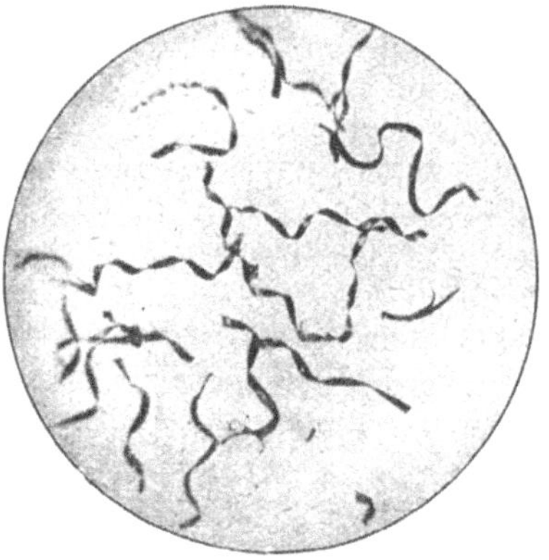

Fig. 9. Unverbrannte Schleifspäne (4fach vergrößert).

ähnlich gefärbt. Quarz ist zäher als Glas, im Bruch muschelig; er gibt eine gute Schleiffläche, arbeitet aber langsam, und als Sandstein ist er so weich, daß die Oberfläche des Steines durch die zu schleifenden Werkstoffe sehr rasch zerkratzt und unrund wird, worauf sie wieder glatt abgezogen werden muß (vgl. S. 39). Trotzdem wird Sandstein noch vielfach zum Schleifen von Schneidstählen benutzt. Der mit Wasser durchtränkte Stein ist übrigens noch bedeutend weicher (bis zu 50%) als der trockene; man soll deshalb die Steine nicht eingetaucht stehen lassen, da sich sonst diese Seite stärker abnutzt, und der Stein unrund wird. Besonders unentbehrlich ist der Sandstein in der Feilen- und Messerindustrie. Es werden Steine bis $1^1/_2$ m Durchmesser und darüber benutzt. Quarz zeichnet sich vor allen anderen Schleifmaterialien dadurch aus, daß er in der Natur gebrauchsfertig in Steinform (Sandstein) vorkommt, während sich die anderen Schleifmittel in Körner- oder Brockenform vorfinden und erst zu gebrauchsfertigen Schleifscheiben geformt werden müssen. Im Handel kommt weißer, bayerischer (Maintal) und roter, elsässischer Sandstein

[1]) Fig. 9 entstammt dem Versuchsbericht von Schlesinger in der „Werkstattstechnik" Jahrgang 1907.

vor; letzterer ist fester und schärfer als der weiße. Unangenehm wirken beim Schleifen die ungleichen Körnungen, die Adern und die Sandstellen der natürlichen Sandsteine. Übrigens werden gute Steine immer seltener.

In der Form von Abziehsteinen (Ölsteinen) dient der Quarz zum Handschleifen von Handwerkzeugen wie Meißeln, Schabern, Sticheln, Drechslerwerkzeugen, chirurgischen Messern usw. und zum Feinwetzen von Arbeitsstählen, Reibahlen, Messern, Tischlerwerkzeugen usw. Seltener finden runde Ölsteine auf kleinen Handapparaten Verwendung. Es kommen verschiedene Sorten von Abziehsteinen natürlich vor (gelber Brocken, Levantinerstein oder türkischer Ölstein usw.). Besonders bekannt sind zwei amerikanische Sorten, der gröbere, porösere und stärker schleifende weiße Washita-Stein (für Tischlerwerkzeuge u. a.) und der härtere und feinkörnigere Arkansas- oder Mississippi-Stein, der in verschiedenen, darunter sehr hohen, Härtegraden vorkommt, und besonders für feine Werkzeuge benutzt wird. Beide sehen ähnlich aus. Die kleinen Stücke sind am leichtesten auf Adern und andere Verunreinigungen zu prüfen und deshalb vorzuziehen. Über die heute vielfach benutzten künstlichen Ölsteine und die Behandlung beider Arten vergleiche S. 17 und S. 36.

Bedeutend wichtiger als der Quarz für das maschinenmäßige Schleifen ist das Aluminiumoxyd, das in seinen verschiedenen Formen überhaupt das wichtigste Schleifmaterial darstellt. Es kommt natürlich vor und wird auch künstlich hergestellt. Das wichtigste natürlich vorkommende Aluminiumoxyd ist der Schmirgel (Härte $6 \div 8$). Dieser ist seit alters her bekannt und wird in der Hauptsache aus Naxos und Kleinasien (Smyrna) eingeführt. Schmirgel ist ein zähes, aber meist durch $15 \div 35\,^0/_0$ Eisenoxyde und andere nicht schleiffähige Bestandteile verunreinigtes Material. Wenn er auch an die Leistungsfähigkeit moderner künstlicher Schleifmittel nicht heranreicht und kein für die heutigen Hochleistungsmaschinen geeignetes Werkzeug liefert (der Eisengehalt macht das Schmirgelkorn porös und brüchig), so wird er doch sehr viel zu Schleifscheiben für Scharf- und Blankschleiferei verarbeitet, und als loses Pulver mit Öl oder Fett angerührt auf Kupferscheiben, Antimonscheiben, Hölzer, Leder, Filzscheiben, Stahl-, Blei- und Kupferdorne aufgestrichen bzw. geklebt, um zum Polieren der verschiedensten Metallteile benutzt zu werden, da er eine sehr gut aussehende Schleifarbeit, besonders hochglänzende Flächen, liefert.

Schmirgel und Korund (s. nachstehend) ergeben die besten Scharfschleifscheiben für mehrzahnige Schneidwerkzeuge.

Der gleichfalls in der Natur vorkommende Korund, nächst dem Diamant das härteste vorkommende Mineral (Härteskala $9 \div 9^1/_2$) stellt ein bedeutend reineres Aluminiumoxyd (bis etwa 90%) als Schmirgel dar, ist härter als dieser, enthält viel mehr Schleifkristalle, und arbeitet ohne so große Wärmeentwicklung; trotz seines hohen Preises ist er das begehrteste natürliche Schleifmittel. Korund findet sich hauptsächlich in Nordamerika, Kanada, auch in Afrika (Madagaskar), im Ural und in Indien; die vorkommenden Mengen sind aber beschränkt. Korund wird auch künstlich aus Schmirgel nach dem Goldschmidtschen Thermitverfahren hergestellt (d. h. gereinigt und zur Kristallisation gebracht), er ist dann härter und spröder als der natürliche. Dieser künstliche Korund ist besonders zum Scharfschleifen von Werkzeugen beliebt; sehr gut läßt sich Korund auch als künstlicher Ölstein zum Scharfwetzen verwenden (siehe S. 17).

Außerdem finden sich Aluminiumoxyde in sehr reiner Form als das unter dem Namen „Bauxit" bekannte Material vor, das aber wegen seines nicht kristallinischen Gefüges nicht direkt als Schleifmittel in Frage kommt. Die hohe

Bedeutung dieses Materials liegt darin, daß es den Grundstoff für den künstlichen Elektro-Korund (s. nachstehend) bildet.

Das schneidkräftigste und am längsten scharf bleibende aber teuerste natürliche Schleifmittel, der Diamant, ist unter „Feinschleifen" erwähnt, da er nur hierfür in Frage kommt.

Die künstlichen Schleifmittel (Aluminiumoxyd und Siliziumkarbid). Diese haben große Vorzüge gegenüber den natürlich vorkommenden: sie sind zum Teil härter, zäher und jedenfalls viel reiner. Die Härte und Zähigkeit aller natürlich vorkommenden Schleifmittel, auch des Diamanten, hängen von ihrem Fundort und anderen Umständen ab; eine Gewähr für vollkommene Übereinstimmung zweier Scheiben gleicher Herkunft ist bei ihnen kaum je vorhanden. Bei künstlichen Schleifmitteln hat man diese Gewähr in etwas stärkerem Maße.

Der oben genannte Bauxit kommt in besonderer Reinheit und größeren Mengen in Südfrankreich und Nordamerika vor. Diese reinste Form ist weiß bis hellgelb (es enthält etwa 92% Aluminiumoxyd). Die Herstellung von Elektro-Korund aus diesem Mineral erfolgte zuerst in Amerika. Die Fabrikation geschieht in ähnlicher Weise, wie unten für das Siliziumkarbid beschrieben. Das fertige Material kommt unter den Bezeichnungen Alundum, Elektrit, Abrasit, Aloxit, Alowalt, Elektrorubin, Corundum, auch Diamantin, Dynamidon (die beiden letzteren schmirgelähnlich) usw. in den Handel. Seine Härte wird zu etwa $9^1/_4 \div 9^1/_2$ angegeben; von anderer Seite[1]) wird 9 als obere Grenze genannt.

Das zweite wichtige künstliche Schleifmittel besteht aus einer Verbindung von Kohlenstoff mit Silizium, d. h. es ist ein Siliziumkarbid. Es wird im Handel als Karborundum, Karbosilit, Karbolit, Karbolon, Crystolon, Carborit usw. bezeichnet. Die Kristalle sind etwas leichter als Schmirgel und Korund (ihr spezifisches Gewicht ist 3,13), sie sind härter als Saphir und Rubin (Härte wird zu $9^1/_2 \div 9^3/_4$ angegeben) und besitzen eine etwa viermal so große Schleiffähigkeit wie Schmirgel. Karborundum ist fast unschmelzbar und unlöslich in Wasser und Säuren. Seine Herstellung geht derartig vor sich, daß man ein gleichförmiges Gemisch von sorgfältig gesiebtem Koks, Glas, Sand, Kochsalz, Sägespänen oder Korkstücken (letztere um die Masse poröser zu machen) in große, aus Ziegelsteinen locker zusammengefügte Schmelzöfen einfüllt und sie dort unter Einwirkung eines elektrischen Stromes $24 \div 36$ Stunden lang einer Temperatur von etwa $2500 \div 3000^0$ C aussetzt. Nach mehrstündigem Abkühlen des Ofens wird das kristallinische Karborundum in Zerkleinerungsmaschinen auf geeignete Größe gebrochen, mit verdünnter Schwefelsäure mehrere Tage lang gewaschen und nach Größe sortiert.

Die beiden besprochenen künstlichen Schleifmittel, das Aluminiumoxyd und das Siliziumkarbid können sich nicht etwa gegenseitig ersetzen; sie ergänzen sich vielmehr. Ihre Natur ist verschiedenartig, und man verwendet jedes für ganz bestimmte Zwecke. Siliziumkarbid benutzt man besonders zum Schleifen von Stoffen mit geringer Zerreißfestigkeit: Gußeisen, Hartguß, Hartgummi, Kohle für elektrotechnische Zwecke, Edelsteine, Perlmutter, Glas, Knochen, Porzellan, Leder, Holz, Vulkanfiber usw. Aluminiumoxyd dagegen verwendet man mit großem Vorteil zum Schleifen von zäheren Materialien, gehärtetem und ungehärtetem Stahl, Stahlguß usw. Der Grund hierfür liegt darin, daß das Korn des Siliziumkarbids wohl härter, aber weniger zähe und zerbrechlicher ist als das Korn des Aluminiumoxyds. Deshalb bricht das Siliziumkarbidkorn auf harten und zähen Materialien kurz ab, die Scheibe wird sofort stumpf,

[1]) Zopf, Werkstattstechnik 1920. S. 225 ff.

und der Kraftverbrauch der Maschine steigt stark an. Schmirgel und Alundum zerbröckeln auf diesen Materialien nicht so sehr und bleiben schleiffähig. Auf den erstgenannten Materialien dagegen greift das sehr harte Siliziumkarbidkorn gut an und stumpft sich wegen seiner großen Härte wenig ab, während seine Zähigkeit noch ausreicht, um zu zeitiges Zerbröckeln zu verhüten.

Andere Schleifmittel, wie Polierrot und Eisensafran, bestehen aus Eisenoxyd oder eisen- und tonhaltigen Silikaten und werden zum Polieren benutzt; ebenso benutzt man chemisch niedergeschlagenes Eisenoxyduloxyd, auch Zinnasche, Wiener Kalk, Schl mmkreide, Tripel oder Trippel (Kieselguhr), Walkerde, Bimsstein, Holzkohle usw. Sie werden trocken oder mit Öl (Stearinöl), Wachs, Talg, Spiritus oder Wasser gemischt benutzt. Die weicheren von ihnen kommen weniger für Metalle als für weniger harte Werkstoffe in Betracht.

B. Die künstlich gebundenen Schleifwerkzeuge.

Für die meisten Zwecke handelt es sich nun darum, die vorstehend beschriebenen natürlichen und künstlichen pulver- und kornförmigen Schleifstoffe in eine solche Form zu bringen, daß sie den verschiedenen Verwendungszwecken bequem angepaßt werden können und möglichst schleifkräftig sind.

Schmirgelpapier und Schmirgelleinen werden aus Papier bzw. Leinen oder Köper hergestellt, das mit heißem Leim bestrichen, mit Schmirgel, Korund oder künstlichem Schleifpulver bestreut und dann gewalzt wird. Ganz feiner Schmirgel kann auch mit Leimwasser gemischt und in dieser Form aufgestrichen werden. Das fertige Erzeugnis ist in Bogen und Rollen im Handel zu haben und wird außer in der allgemein bekannten Form (freihändig oder um passende Holzstücke gewickelt) auch auf einfachen Flachschleifböcken benutzt, auf deren wagerecht gelagerte Holz-, Gußeisen- oder Stahlscheiben es mit Leim oder Bienenwachs aufgeklebt wird. (Für letzteren Zweck werden die gröberen Schmirgelleinensorten heute schon vielfach durch die Ringschleifscheibe — s. unten — ersetzt, die schleifkräftiger und billiger ist.)

Schmirgelfeilen (Schmirgelhölzer) bestehen aus einem verschiedenartig geformten Holzkern mit 1 oder 2 Handhaben und aufgeklebtem Schmirgel verschiedener Körnung. Nach dem Aufbringen des heißen Schmirgel-Leim-Gemisches (jede Fläche für sich!) wird die bestrichene Fläche in losen Schmirgel eingedrückt. Schmirgelhölzer dienen zum Sauberschleifen von solchen Stahl- oder Gußteilen auf der Drehbank, die aus irgend welchen Gründen nicht auf einer Spezialschleifmaschine fertiggemacht werden, besonders auch von solchen Stücken, die mit der Stahlfeile nicht oder nicht gut bearbeitet werden können, wie z. B. Hartguß. Die Körnung muß dem Material angepaßt sein, sonst kann die Feile verschmieren. In diesem Falle kann sie durch kurzes Eintauchen in stark verdünnte Salzsäure, Abbürsten, Spülen und Trocknen wieder gebrauchsfertig gemacht werden.

Bürstenscheiben. Kratzbürsten dienen zum Gußputzen, Entzundern, zum Abkratzen von unregelmäßig geformten Teilen, die brüniert oder geblaut werden sollen und zum Mattieren. Die Drähte bestehen aus gehärtetem Gußstahl oder Messing, haben runden (etwa $0{,}05 \div 0{,}25$ mm Durchmesser) oder rechteckigen (etwa $1 \times 0{,}15$ mm) Querschnitt und stehen um $25 \div 35$ mm radial nach außen vor. Sie stecken büschelweise in einem Nußbaum- oder Ahorn-Holzkörper und werden gewöhnlich durch zwei Blechflansche zusammengepreßt. Borsten- oder Fiberbürsten sind ähnlich konstruiert und dienen mit feinen Schleifpulvern zum Polieren unregelmäßig geformter Teile.

Metallscheiben. Auf Flachschleifmaschinen verwendet man vielfach wagerecht oder lotrecht gelagerte Kupfer-, Weichmetall-, Antimon- oder Gußeisenscheiben, in die man Schleifpulver mit Fett oder anderen Bindemitteln eindrückt oder einwalzt. Hochleistungs-Ringscheiben besitzen einen dicken aufgeklebten Schleifbelag, der zur Erhöhung der Leistung spiralförmige, schräge, wellenförmige oder zickzackförmige Nuten besitzen kann.

Schneidblätter aus dünnem Stahlkern mit Karborundumbelag zum Zerschneiden von Steinen, Porzellan, Glas, Ton, auch Stahl usw. seien kurz erwähnt.

Polierscheiben. Diese zum Grob- und Feinschleifen sowie zum Polieren von Waffen-, Fahrrad- und Metallteilen aller Art in weitgehendem Maße benutzten Scheiben bestehen aus einem Schleifmittelträger aus Holz, Leder, Filz, Stoff oder Papier. Meist wird eine ganze Anzahl verschiedenartiger Scheiben nacheinander benutzt. Die wichtigsten Arten sind folgende:

Holzscheiben mit Lederbezug und aufgeleimtem Schmirgel (Pliestscheiben, Feuerscheiben) wurden vor einigen Jahren noch allgemein zum Vorpolieren benutzt sind aber dann vielfach durch Filzscheiben ersetzt worden. Der Holzkern (am besten Pappelholz) wird zweckmäßig aus mehreren Segmenten oder Sektoren zusammengesetzt und durch Eisen- oder Hartholzflansche seitlich verstärkt. Gewöhnlich beträgt der Durchmesser der Scheibe etwa 500, ihre Breite 50 mm. Die Holzscheibe wird genau abgedreht, dann werden in die Laufseiten kleine, dicht nebeneinander liegende Rillen eingedreht, hierauf ein Lederstreifen auf der Narbenseite aufgerauht und in feuchtem Zustande in 1 oder 2 Lagen um die Scheibe gelegt. Das Leder wird dabei absatzweise aufgeleimt und vernagelt. (Der Leim ist sehr sorgfältig zu behandeln!) Die Stoßfuge des Leders muß nach hinten zu abgeschrägt sein. Die Nägel werden nach dem Erhärten des Leimes (etwa 24 Stunden) herausgezogen und durch Holzstifte ersetzt. Hierauf wird das Leder abgedreht, mit heißem, mehr oder weniger dickem (je nach Körnung des Schleifpulvers) Leim bestrichen, und Schmirgelpulver aufgestreut oder unter Druck eingewalzt, wobei man dieses zweckmäßig vorher erwärmt. Man kann auch den Schmirgel mit dem Leim zu einem Brei kochen und diesen auftragen. Nach Abbürsten des überschüssigen Schmirgels kann das Verfahren — nach Trocknen des vorigen Überzugs — mehrmals wiederholt werden. Zum Schluß erfolgt ein Überpinseln mit Leimwasser, um den Belag besser zu befestigen. Die Arbeit muß in einem warmen vor Zug geschützten Raum erfolgen, und die Scheiben müssen vor Ingebrauchnahme völlig trocken sein, das heißt mindestens 12, besser 24 Stunden lang trocknen, sonst sind sie klebrig. Lederscheiben müssen nach Gebrauch gelegentlich mit heißem Wasser abgewaschen werden, da beim Schleifen nur die Körner herausbrechen, und der Leim auf dem Umfang der Scheibe stehen bleibt. Vor Aufbringen eines neuen Belages auf alte Scheiben muß der alte Belag durch Andrücken eines harten Schleifscheibenstücks an die laufende Scheibe entfernt werden.

Man stellt Lederscheiben auch so her, daß man mit schwalbenschwanzförmigen Ansatz versehene, viereckige Lederstücke hochkantig in den Umfang einer Holzscheibe radial einsetzt, sie mit Draht zu einem festen Kranz vereinigt und mit zwei seitlichen Blechflanschen zusammenschraubt. Für grobe Arbeiten benutzt man auch einfache Holzscheiben ohne Lederbezug mit unmittelbar aufgeleimtem Schmirgel.

Bei allen diesen Scheiben ist ein gutes Auswiegen und möglichst auch Auswuchten von großer Wichtigkeit.

Walroßlederscheiben bis zu 30 mm Dicke sind für viele Zwecke, besonders zum Fassonschleifen (Waffenteile, Messer usw.) sehr zweckmäßig. Sie sind elastischer, werden nicht aufgenagelt und können unmittelbar profiliert werden, sie sind aber sehr teuer. Unter 150 mm Durchmesser werden sie ohne Holz, ganz aus Leder, hergestellt. Ähnlich werden Büffellederscheiben verwandt.

Filzscheiben gibt es für alle Schleif- und Poliergrade. Zum Grobschleifen (Feuerscheiben) ist der Filz gröber als zum Nachschleifen und Polieren, auch ist die Appretur dem Verwendungszwecke angepaßt. Die Grobscheiben werden genau laufend abgedreht und mit Leim bestrichen, der zuerst trocken werden muß, worauf man ein Gemisch aus Leim und Schmirgel etwa 2÷3 mm dick aufträgt und die Scheibe in Schmirgelpulver einwalzt. Auf die Polierscheiben wird Talg mit Polierrot oder Polierpaste aufgebracht. Dünne Scheiben werden zweckmäßig mit Hartholzflanschen versteift. Der Vorteil der Filzscheiben gegenüber den Holzscheiben mit Lederbezug ist ihre Genauigkeit, Haltbarkeit, die Unmöglichkeit des Verziehens, ihre Elastizität und die Leichtigkeit, sie mit konkavem oder konvexen Profil auszubilden; ihr Vorteil den Walroßlederscheiben gegenüber der niedrigere Preis. Rohe (nicht appretierte) Filzscheiben werden ähnlich wie die folgenden mit lose eingestreutem Schleifpulver oder Schleifpasten benutzt.

Stoffscheiben werden in Form von Gazescheiben oder einem um eine Stahlnabe gewickelten Gazestreifen mit eingestreutem Schmirgel und Seitenflanschen zum Nachschleifen benutzt. Um das Hinausschleudern des Schmirgels zu verhindern, wird dieser mit Leim und Glyzerin angefeuchtet, auch werden Hohlräume zur Unterbringung größerer Schmirgelmengen vorgesehen. Je nach der Art des Schliffs wird die Gaze mehr oder weniger dicht zusammengepreßt. An Stelle der Gaze werden auch Papier- oder Kartonscheiben benutzt, deren Form leicht der des zu schleifenden Gegenstandes (z. B. Rundungen) angepaßt werden kann. Nach dem Stumpfwerden sind die Scheiben mit einem Schleifsteinstück abzurichten.

Stoffscheiben aus lose zusammengedrückten Lagen aus Köper, Nessel, Flanell oder anderen Stoffen mit losem Pulver (Polierrot, Wiener Kalk) oder Pasten aus einem dieser Schleifmittel mit Bienenwachs werden in allen möglichen Industriezweigen als Schwabbelscheiben oder Puffs zum Hochglanzpolieren von Metallen aller Art benutzt. Nesselscheiben entwickeln weniger Staub als Wollscheiben. Zum Vorpolieren wird gern Nessel, zum Fertigpolieren Flanell gewählt.

Künstliche Sandsteine stellt man durch Zusammenschmelzen von 45 Teilen Alaun und 55 Teilen Flußsand (Quarz) her; das Gemisch wird in Formen gegossen, und zwar gießt man den Kern gleich mit ein (für kleinere Scheiben Holzkern, für größere Gußeisenkern). Der Löslichkeit des Alauns wegen lassen sich diese Steine nur für Trockenschliff verwenden.

Schleifscheiben. Für den Maschinenbau besitzen die aus Aluminiumoxyd und Siliziumkarbid hergestellten Scheiben die bei weitem größte Bedeutung. Es werden verschiedene Stoffarten für die Bindung der Schleifkörner benutzt, die sich in 3 Gruppen teilen lassen:

1. Die vegetabilischen oder geklebten (englisch: „elastic") Scheiben sind wohl die ältesten. Hierzu gehören die Scheiben, die mit Hilfe von Leim, Öl, Harz, Schellack, Zelluloid, vor allem Gummi warm hergestellt werden. Alle diese Bindemittel liefern insbesondere profilierte und dünne Scheiben. Es werden kleine feinkörnige Scheiben von nur 0,4 mm Dicke hergestellt. Scheiben von 0,8 mm Dicke gibt es bis 100 mm ∅, von 1,6 mm Dicke bis 200 mm ∅, von 2,4 mm bis 300 mm ∅. Die größten Scheiben dieser Art haben etwa 660 mm ∅ und bis 50 mm Dicke; die größten mit Gummi gebundenen etwa 400 mm ∅ und bis 50 mm Dicke. Die Scheiben sind gegen Stoß und Druck nicht sehr empfindlich, sie

sind elastisch, haben eine hohe Zugfestigkeit und sind rasch herzustellen. Sie sind aber teuer, besitzen nur sehr feine Poren, arbeiten deshalb langsam und können bei hoher Beanspruchung starke Erwärmung verursachen (zumal man sie meist nur trocken schleifen läßt), wobei das Bindemittel klebrig wird, die abgeschliffenen Metallteilchen festhält und die glatte Schleiffläche zerstört; sie sind deshalb für einen kräftigen scharfen Schliff nicht geeignet. Ihre Härte ist gering, die Zahl ihrer Härtegrade, besonders bei Gummibindung, begrenzt. Zur Verwendung gelangen sie beim Schärfen von Sägezähnen, Radzahnflanken Holzbearbeitungswerkzeugen, Blankschleifen von Walzen und besonders auch zum Zertrennen von harten Werkstoffen. Mit Öl und Laugen dürfen diese Bindungen nicht in Berührung kommen.

2. Später ging man zu mineralischen oder gekitteten (englisch: „silicate") Bindungen über. Diese bestehen aus Magnesia- oder Silikatverbindungen (Zement, besser ein Natron-Wasserglas-Kitt besonderer Art) und bringen eine mörtelartige Vereinigung der einzelnen Schleifkörnchen zustande. Die ersteren sind gegen Nässe empfindlich, die letzteren weniger. Die Scheiben werden in Formen gepreßt, getrocknet, bei etwa 320° gebacken und auf Maß gedreht. Sie eignen sich in der Hauptsache für solche Fälle, wo die Schleifstelle sich möglichst wenig erhitzen, die Scheibe sich wenig abnutzen oder Hochglanzschliff erzeugen soll; in der Hauptsache werden Scheiben zum Scharfschleifen kleiner Schneidwerkzeuge (Messer, Scheren, Fräser, Reibahlen, Stähle), Topf- und Ringscheiben für Flachschleifmaschinen, Schleifscheiben mit Stahldrahteinlage (wodurch die Festigkeit erhöht werden soll), und ganz große Scheiben über 700 bis etwa 1500 mm Durchmesser und bis 300 mm Breite, z. B. für Kalanderwalzen, nach diesem Verfahren hergestellt. Die Scheiben sind unelastisch, wenig porös und nicht so hart wie die nachstehend beschriebenen gebrannten Scheiben. Sie greifen nicht so scharf an wie die keramischen Scheiben, erfordern keinen großen Arbeitsdruck und werden deshalb allgemein für solche Arbeiten verwendet, bei denen man auf niedrige Temperatur Wert legt. Der Schliff der mineralischen Scheiben ist sauber. Vorteilhaft ist ihre kurze Herstellungsdauer (3 ÷ 4 Tage) und ihr in der Anschaffung billigerer Preis, der sich allerdings oft durch die geringere Leistungsfähigkeit im Betriebe stark erhöht.

3. Für die moderne Schleiferei kommen in der Hauptsache keramische oder hochgebrannte (englisch: „vitrified") Bindungen in Frage; das Bindematerial dieser Scheiben bildet Ton, Kaolin oder Feldspat (in verschiedenen Zusammensetzungen, je nach der gewollten Härte), der bei Weißglut gebrannt wird. Derartige Scheiben sind poröser und deshalb freischneidender als andere Scheiben, sie sind gleichmäßig hart und frei von Unreinigkeiten, unempfindlich gegen Wasser, Öl und Hitze, dagegen nicht gegen Stöße, da sie unelastisch sind; dünne Scheiben können daher keinen Seitendruck vertragen. Die Herstellung erfolgt derartig, daß die Schleifkörner und das Bindemittel zu einer teigartigen Masse vermischt werden, die in Formen eingestampft oder eingegossen und — wenn die Scheiben sehr hart sein sollen — auf hydraulischen Pressen verdichtet wird. Die Stärke dieser Pressung ist von Einfluß auf die nachherige Härte der Schleifscheibe. Die geformten, warm getrockneten und mit Übermaß vorgedrehten Schleifscheiben werden in porzellanofenähnlichen Brennöfen, in Schamottekapseln und in Sand gelagert, 3 ÷ 5 Tage lang bei einer Temperatur von 1400 ÷ 2000° gebrannt, worauf sie langsam (eine Woche lang) abgekühlt und mit Abrichtern oder Diamanten auf Maß gedreht werden. Das ganze Verfahren dauert 4 ÷ 6 Wochen lang. Kleinere Scheiben können rascher, und zwar in etwa 14 Tagen, fertiggestellt werden. Diese lange Herstellungsdauer ist ein Nachteil des Brennverfahrens. Weitere Nachteile bestehen in dem häufigen Springen der Scheiben

im Ofen, der dadurch begrenzten Größe der Scheiben (etwa 850 mm Durchmesser, obgleich auch Scheiben bis 1500 mm gebrannt werden) und der schwierigen Kontrolle des Brennvorgangs, insbesondere der Scheibenhärte.

C. Die Scheibenformen.

Die am häufigsten benutzte Scheibenform ist die Flachscheibe, die vor allem zum Rund-, Innen- und Flachschleifen, aber auch zum Schärfen einfacher Werkzeuge gebraucht wird. Aus Festigkeitsgründen kann die Flachscheibe in der Mitte stärker als am Umfang ausgebildet sein; bei guter Aufspannung ist diese Vorsichtsmaßregel aber nicht notwendig. Auf großen wagerechtspindligen Flachschleifmaschinen benutzt man heute vielfach hohlzylinderförmige Ringscheiben von 25÷100 mm Kranzbreite (die im Futter aufgenommen oder auf Stahlscheiben gekittet werden), auch Segmentscheiben, deren einzelne Segmentstücke durch einen Gußeisenkörper zusammengehalten und durch Rippen dieses Körpers oder Keilstücke voneinander getrennt werden (Fig. 10). Sie arbeiten mit der Stirnfläche, erhitzen die Arbeitsstelle wegen ihrer kleinen Berührungsfläche

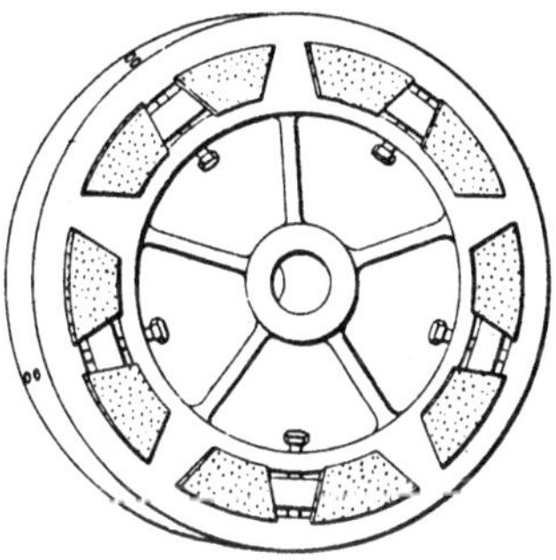

Fig. 10. Segmentscheibe.

Fig. 11. Tellerscheibe.

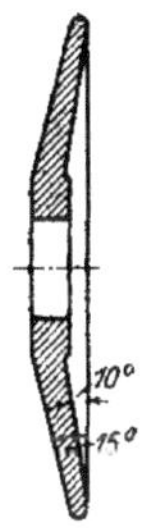

Fig. 12. Tellerscheibe.

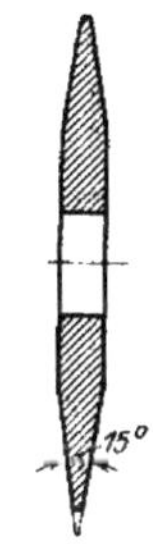

Fig. 13. Doppelkegelscheibe.

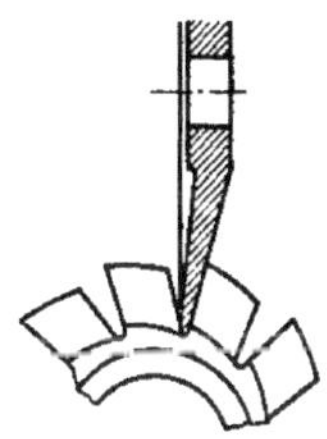

Fig. 14. Arbeitsweise der Tellerscheibe (Kegelseite).

und der Luftzwischenräume nicht stark und sind auch bei der Bearbeitung unsauberer Gußstücke weniger der Gefahr des Verschmierens ausgesetzt als volle Scheiben; dafür arbeiten sie aber weniger genau und sauber (vgl. S. 51). Aus den genannten Gründen benutzt man auf Flachschleifmaschinen auch Scheiben, die am Umfang mehrfach eingeschlitzt sind.

Vielgestaltig sind die zum Schärfen von Werkzeugen benutzten Scheiben, über die unter Benutzung der Fachnormen des Vereines deutscher Schleifmittelwerke (DI-Normen 181÷185) eine kurze Übersicht gegeben werden soll. Zum Schleifen hinterdrehter Fräser benutzt man die in Figg. 11, 12 und 13 dargestellten Formen, die alle drei von 75÷200 mm Durchmesser besitzen können. Da der kleinste Winkel der Zahnlücke hinterdrehter Fräser etwa 18° beträgt (dieses Maß wurde als Norm angenommen), so muß die Abschrägung der Scheibe etwas kleiner sein, damit nicht der Rücken der Scheibe den Rücken des benachbarten Zahnes berührt (15° in Figg. 12 und 13). Am zweckmäßigsten ist die in Fig. 13 dargestellte Form, die für die meisten vorkommenden Zwecke (gerade und gewundene Flächen) ausreicht; außerdem sind die Formen der Figg. 11 und 12 (Tellerscheibe) in der Praxis beliebt; die hohle Seite der letzteren arbeitet mit kleinerer Berührungsfläche und glüht deshalb die Zähne nicht so leicht aus wie volle ebene Flächen. Über die Zweckmäßigkeit der Verwendung der hohlen und der kegeligen Seite beim Scharfschleifen von hinterdrehten Fräsern sind die Meinungen geteilt.

Die hohle Seite soll genauer arbeiten und sich zum Schleifen von tiefen Zahnlücken besser eignen als die kegelige. Außerdem ist sie einfacher abzurichten. (Auch auf der ebenen Fläche der Scheibe nach Fig. 11 entsteht durch das Abrichten ein Absatz, der aber durch Aussparen der Fläche vermieden werden kann.) Dagegen liegt die Kegelfläche (Fig. 14) nur mit einer Linie bzw. einer schmalen Fläche an, besitzt also eine ganz besonders kleine Berührung, d. h. niedrige Arbeitstemperatur. Sie ist aber in solchen Fällen, wo ohne Zahnführung geschliffen wird, häufig nicht anwendbar; hier muß die ebene oder hohle Seite der Scheibe die Führung übernehmen. Die ebene Seite der Form 11 und die Hohlseite von 12 lassen sich nur zum Schleifen ebener Zahnflächen verwenden; gewundene Flächen an Fräsern und Reibahlen kann man nur mit schrägen (kegeligen) Scheibenflächen (Figg. 12 und 13) bearbeiten, wie dies in Figg. 14 und 15 dargestellt ist. Fig. 16 zeigt, wie eine gerade oder hohle Scheibenfläche die gewundene Zahnfläche beschädigen würde.

Spitzgezahnte Fräser und Reibahlen schleift man mit Flachscheiben, Tellerscheiben oder Topfscheiben (Fig. 17), für welche Durchmesser von 40 bis 150 mm vorgesehen sind. Der Vorzug der Topfscheibe gegenüber der Flach- und Tellerscheibe besteht in dem stets gleich bleibenden Durchmesser und dem ebenen Flächenschliff an Stelle des runden Schliffs der letzteren, der um so stärker hohl ausfällt, je kleiner der Durchmesser der Schleifscheibe ist; hohlgeschliffene Zähne aber werden rasch stumpf, und ihre Kanten brechen leicht aus. Andererseits kann man den Durchmesser der Scheibe nicht so groß machen, wie man möchte, da sie sonst — zumal bei großem Hinterschliffwinkel und großem Durchmesser des zu schleifenden Werkzeugs — in den nächsten Zahn einschneiden kann. Wenn der Scheibendurchmesser übrigens mindestens 75 mm beträgt, ist der Schaden nicht von Einfluß. Die Topfscheibe hat den Nachteil, daß sie nicht so frei schneidet wie die mit dem Umfang schleifenden Scheiben, da die Berührungsfläche größer ist, falls man diese nicht durch sanfte Abschrägung des Scheibenrandes und durch Schrägstellung der Scheibenachse verkleinert (vgl. Fig. 56). Auch die lotrechten Spindeln von Flachschleifmaschinen werden aus diesem Grunde häufig etwas schräg gestellt.

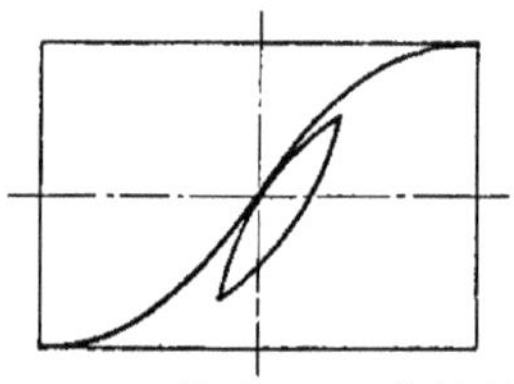

Fig. 15. Richtiges Schleifen von gewundenen Zahnflächen mittels Kegelscheibe.

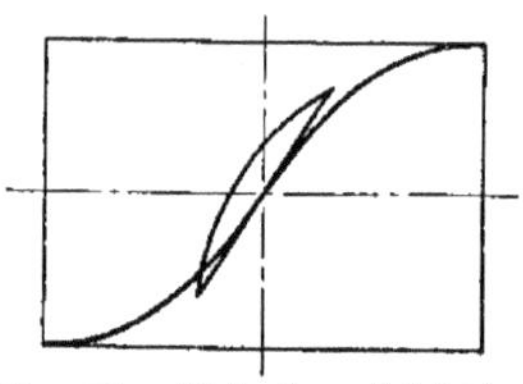

Fig. 16. Falsches Schleifen von gewundenen Zahnflächen mittels ebener Scheibe.

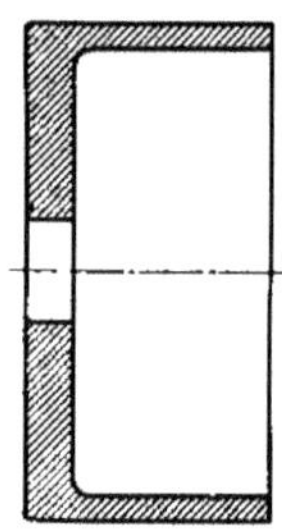

Fig. 17. Topfscheibe.

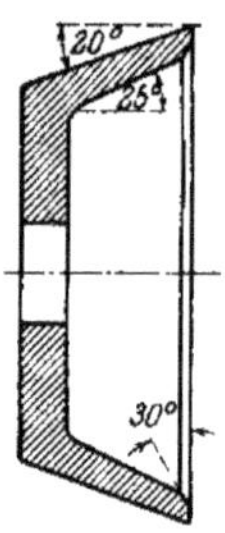

Fig. 18. Kegeltopfscheibe.

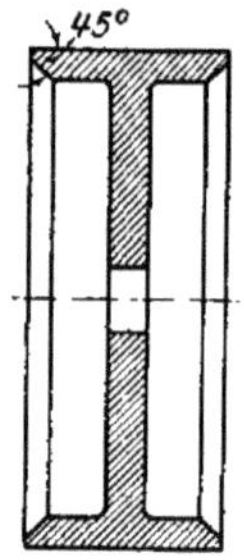

Fig. 19. Doppeltopfscheibe.

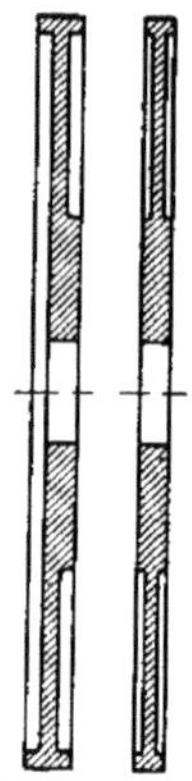

Fig. 20 u. 21. Lehrenschleifscheiben.

Weniger häufig ist die Verwendung der Kegeltopfscheibe (Fig. 18) mit 75 bis 150 mm Durchmesser, die besonders im Spannwerkzeug- und Vorrichtungsbau zum Ausschleifen scharfer Ecken dient (sie besitzt nicht den Vorteil der gleichbleibenden Umfangsgeschwindigkeit wie die Topfscheibe nach Fig. 17); der Doppeltopfscheibe (Fig. 19) mit 100 mm Durchmesser, zum Scharfschleifen von großen Scheibenfräsern und Messerköpfen, und der Lehrenschleifscheibe (Figg. 20 und 21) mit 100, 150 und 175 mm Durchmesser und 6 ÷ 25 mm Breite. Zum Scharfschleifen der Schneiden von Spiralbohrern werden die schon erwähnten Ringscheiben oder die in Fig. 22 gezeigten Sonderscheiben (Durchmesser 150 ÷ 300 mm), zum Zuspitzen des Kerns halbrund geformte Scheiben nach Fig. 23 (Durchmesser 100 ÷ 200 mm) benutzt. Zum Schleifen von Schneidstählen verwendet man außer einfachen Flachscheiben auch Kegeltopfscheiben, ähnlich Fig. 18, jedoch dicker, mit ebener Ringfläche und mit 180 und 250 mm Durchmesser; zum Schärfen von Holzbearbeitungsfräsern gelangen vornehmlich Sonderscheiben nach Fig. 24 mit 175 und 200 mm Durchmesser zur Anwendung.

(Einzelheiten über das Schleifen von Werkzeugen und die Anwendung der aufgeführten Scheiben siehe S. 56.)

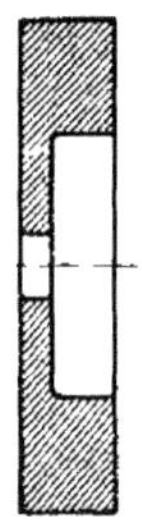

Fig. 22. Sonderscheibe zum Scharfschleifen der Spiralbohrer.

Fig. 23. Sonderscheibe zum Zuspitzen des Spiralbohrerkerns.

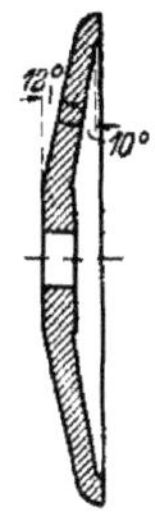

Fig. 24. Sonderscheibe für Holzbearbeitungsfräser.

Künstliche Abziehsteine werden ähnlich keramisch gebunden wie künstliche Schleifscheiben. Als Schleifmittel dienen natürliche (z. B. India - Ölsteine aus Korund) und künstliche Schleifstoffe. Heute bestehen die meisten künstlichen Ölsteine aus den beiden wichtigsten Schleifmitteln: Aluminiumoxyd und Siliziumkarbid; die ersteren sind dauerhaft und geben feine Schneiden, die letzteren arbeiten rasch, nutzen sich aber schnell ab und werden besonders zum Schärfen von gewöhnlichen Holzbearbeitungswerkzeugen benutzt. Vorzüge der künstlichen Ölsteine: Sie sind nicht teuer, ohne Adern und Risse, vollkommen gleichförmig durch und durch, schleifen deshalb gleichmäßiger als nicht ganz tadellose Natursteine, nutzen sich weniger ab und sind in allen möglichen Härtegraden, Körnungen und Formen erhältlich. Meist sind sie in drei Körnungsgraden, fein, mittel und grob, zu haben; „fein" für besonders feine Schneiden an den härtesten Stahlwerkzeugen, z. B. Stichel, auch für feine Stoffmesser, „mittel" für rascheres Abziehen von Tischlerwerkzeugen, grobe Stoffmesser usw., „grob" für rasches Schärfen gewöhnlicher Schneiden. Künstliche Ölsteine werden aber für nicht so fein und schleiffähig gehalten wie die natürlichen. Profilierte Abziehsteine in allen Formen dienen zum Schärfen von Reibahlen, von Werkzeugen für Graveure, Holzbildhauer, Uhrmacher, als Sensenwetzsteine usw. (Über die Behandlung der natürlichen und künstlichen Abziehsteine siehe S. 36.)

III. Allgemeine Schleifregeln.

Die im folgenden gegebenen Schleifregeln beziehen sich vor allem auf keramisch gebundene Scheiben und auf Supportschleifmaschinen (d. h. Maschinen, bei denen Werkstück und Schleifscheibe zwangläufig auf Schlitten geführt werden). Da unter diesen die Rundschleifmaschine die wichtigste ist, so gelten die Schleifregeln, soweit nichts anderes angegeben ist, vor allem für den Rundschliff.

Folgende Dinge müssen allgemein bei der Auswahl einer Schleifscheibe und beim Schleifen selbst richtig bestimmt werden:

die Bindung (Art und Härte),
das Schleifkorn (Material und Größe),
die Umfangsgeschwindigkeit der Schleifscheibe,
der Werkstückvorschub (= Zufuhr neuen Materials; beim Rundschleifen: Umfangsgeschwindigkeit des Werkstücks),
der Längsvorschub (ununterbrochen oder im Hubwechsel erfolgend),
der Tiefenvorschub (im Hubwechsel erfolgend).

Diese Punkte werden durch folgende Voraussetzungen bedingt:

a) **Die Art des Schleifens.**
1. Passendschleifen (vgl. die Maschinenaufstellung auf S. 5).
2. Scharfschleifen (vgl. die Maschinenaufstellung auf S. 7).
(Das Polieren und die Wegnahme von überschüssigem Material kommen bei diesen Schleifregeln weniger in Frage.)

b) **Die Art und Schwere der Maschine.**

c) **Die Art des Werkstückes.**
1. Werkstoff (gegossen oder geschmiedet, gehärtet oder ungehärtet).
2. Form (Durchmesser usw.).
3. Oberfläche (mit Walzhaut, Gußkruste, Schmiedezunder oder Bearbeitungsfurchen, glatt oder unterbrochen).
4. Fertiger Zustand des Werkstückes (Grad der Sauberkeit, nur glatt oder Hochglanz, Genauigkeitsgrad).

d) **Wirtschaftliche Faktoren.**
1. „Spezifische" Kosten des Schleifmaterials (das heißt: Verschleiß der Scheibe in Gramm auf 1 Gramm abgeschliffenen Werkstoff).
2. Verbrauch an Diamant (durch das erforderliche Abrichten der Schleifscheibe).
3. Energieverbrauch.
4. Schleifzeit, unter Berücksichtigung der Betriebsfähigkeitsdauer der Schleifscheibe.

Diese zahlreichen Punkte lassen sich natürlich nicht in eine mathematische Formel bringen. Alle Schleifregeln stellen Kompromisse dar und befriedigen meist nur einige der genannten Gesichtspunkte, vor allem soweit die gewünschte Sauberkeit, der Scheibenverschleiß, die Betriebsfähigkeit der Scheibe und der Energieverbrauch in Frage kommen. Sie sind die Ergebnisse von Einzelversuchen und können das praktische Ausproben der für den besonderen Fall benötigten Schleifscheibe und Maschinengeschwindigkeiten nur erleichtern, nicht ersparen. Manche Schleifregeln widersprechen einander und besitzen nur bedingten Wert; die Forschung auf dem Gebiete der Schleiferei ist eben noch verhältnismäßig jung. Es wurde deshalb auch davon abgesehen, die von mehreren Seiten herausgebrachten graphischen Darstellungen für die Auswahl der passenden Schleifscheibe wiederzugeben, welche die verschiedenen Faktoren in eine bestimmte Beziehung zueinander bringen, da derartige Tafeln nicht in jeder Hinsicht zuverlässig sind.

Berücksichtigt wurde außer den bekannten Versuchen von Schlesinger und Pockrandt die umfangreiche in- und ausländische Zeitschriftenliteratur des letzten Jahrzehnts. Dazu wurden Angaben zahlreicher Firmen herangezogen, soweit dieselben nicht in Widerspruch mit der allgemeinen Praxis stehen; es wurden hierbei manche scharf voneinander abweichende Ansichten festgestellt.

A. Das Schruppen.

Die Härte der Bindung. Um zu verstehen, in welcher Weise die Härte der Bindung den Schliff beeinflußt, muß man sich vergegenwärtigen, daß ein Scharfschleifen des einzelnen Schleifkristalls, nachdem er durch seine Arbeit stumpf geworden ist, nicht möglich ist. Ein Stahlwerkzeug kann geschliffen werden, ein Schleifkristall aber, der stumpf geworden ist, muß herausgebrochen werden. Dafür, daß dann gleich ein neuer Kristall seine Schleifkante darbietet, sorgt die Brüchigkeit der Scheibenbindung.

Zum Herausbrechen der stumpfen Körner dienen zwei Mittel: Das selbsttätige Scharfhalten der Schleifscheibe (die Schleifscheibe ist das einzige Schneidwerkzeug, das in gewissem Umfange imstande ist, sich selbst scharf zu halten) und der Eingriff von außen her, das Abrichten.

Das selbsttätige Scharfhalten erfolgt dadurch, daß die Schleifscheibe wie jeder andere aus einzelnen Teilchen zusammengesetzte Körper verhältnismäßig leicht zermalmt werden kann. Dem — radialen — Gegendruck des zu schleifenden Werkstückes (der im normalen Betrieb bis zum dreifachen des tangentialen Widerstandes in Richtung des Schnittes bzw Werkstückvorschubes betragen kann) vermag die Oberfläche der Scheibe nicht standzuhalten, sobald die Schleifkörner stumpf geworden sind und nur noch unter starkem Druck zum Schneiden gebracht werden können: die Bindung wird zerbröckelt, und das stumpfe Korn bricht aus. Erleichtert wird dieser Vorgang vielleicht noch durch den Umstand, daß die Erhitzung des stumpf gewordenen Korns und die augenblicklich nachfolgende plötzliche Abkühlung durch das Kühlwasser oder die Luft die das Korn haltende Bindung zum Springen bringt. Sobald also ein Korn stumpf geworden ist, muß es sich durch den beschriebenen Vorgang aus der Scheibe lösen, während das dahinter liegende frei wird und zum Schneiden kommt. Für die Härte einer Scheibe (d. h. die Festigkeit eines Bindemittels) ist also ihre Fähigkeit, sich selbst scharf zu halten, maßgebend; sie ist dann richtig, wenn das Korn sich gerade dann ablöst, wenn es stumpf geworden ist. Geschieht dies nicht, so ist die Scheibe, d. h. das Bindemittel, zu hart, und die Scheibe wird — besonders bei Gußeisen — so schnell stumpf und blank, daß ein Weiterarbeiten nicht möglich ist. Ist das Bindemittel dagegen zu weich, so bleibt die Scheibe zwar scharf, sie nutzt sich aber zu rasch ab und wird leicht unrund. (Weiche Stellen besitzt sie aber deswegen nicht, wie dies vielfach angenommen wird.) So wird ein Sandstein nie stumpf, da seine Körner frühzeitig ausfallen; er wird nur unrund. Jedenfalls ist es ratsamer, eine etwas zu weiche Scheibe zu benutzen, als eine zu harte, da die weiche Scheibe einen geringeren Kraftverbrauch bedingt und viel länger schneidfähig bleibt. Diese Vorteile der weichen Scheibe sind schwerwiegender als ihre stärkere Abnutzung, denn der Verbrauch an Schleifmaterial ist nicht der wichtigste Faktor. Die weichere Scheibe verdient schon deshalb den Vorzug vor der härteren, weil nur mit ihrer Hilfe ein Dauerbetrieb aufrecht zu erhalten ist (falls sie nicht so weich ist, daß sie zu oft unrund wird).

Vielfach herrscht noch die falsche Ansicht vor, daß harte Scheiben ein hartes Korn und weiche Scheiben ein weiches Korn enthalten, daß die Härte also vom Schleifstoff abhängig sei. Die Härte einer Scheibe wird allein durch das Material der Bindung und die Art der Herstellung (Größe des Preßdrucks, Brenntemperatur usw.) bestimmt; die Bezeichnungen „hart“ und „weich“ beziehen sich nur auf das Bindemittel, nicht auf das Kornmaterial. Welches das zweckmäßigste Schleifmittel (Alundum, Karborundum usw.) für jede Materialart ist, steht ein für allemal fest, die Bindung dagegen hängt von den übrigen Bedingungen ab, die nachstehend behandelt werden.

Da ein stumpf gewordenes Korn möglichst bald aus der Scheibe herausfallen soll, und ein hartes Material die Schleifkörner früher stumpf macht als ein weiches, so ergibt sich, daß die Härte der Scheibe sich umgekehrt verhalten muß wie die Härte des Materials. So empfehlen sich für weichen Maschinenstahl harte, für kohlenstoffreichen Stahl weichere und für gehärteten Stahl und Hartguß noch weichere Scheiben. — Für sehr weiches Material, das zum Schmieren neigt, z. B. Kupfer und Messing, liegen die Dinge etwas anders. Diese Metalle verlangen besonders weiche Scheiben, weil sich harte Scheiben mit abgerissenen Metallspänen verstopfen und sich dann nicht selbst scharf halten können. Um in solchen Fällen doch hohe Leistungen zu erzielen, arbeite man mit dünnen Spänen und großen Schnittgeschwindigkeiten; unter Umständen empfehlen sich auch elastisch gebundene Scheiben (vgl. auch nachher unter „Korngröße“, S. 22).

Wesentlich für die Leichtigkeit des Ausbrechens stumpfer Körner ist die Größe des Berührungsbogens zwischen Schleifscheibe und Werkstück. Je größer dieser ist, desto größer ist die Wirkungszeit und damit die Abstumpfung der einzelnen Schleifkörner. Außerdem ist der Flächendruck, der für das Ausbrechen der stumpfen Schleifkörner maßgebend ist, um so kleiner — auf die gleiche Zustellungskraft bezogen — je größer die Berührungsfläche zwischen Werkstück und Scheibe ist. Daraus folgt:

Große Berührungsflächen erfordern weichere Scheiben als kleine Berührungsflächen, also sind weichere Scheiben erforderlich beim Innenschleifen, beim Flachschliff mit der Stirnfläche, beim Rundschleifen großer Werkstückdurchmesser, bei Scheiben von großer Breite und großem Durchmesser. Ringscheiben und Topfscheiben müssen für das gleiche Material weicher sein als Flachscheiben. Härtere Scheiben sind erforderlich beim Rundschleifen kleiner Werkstückdurchmesser, beim Scharfschleifen von Werkzeugen usw. Neue Werkzeuge, wie spitzgezahnte Fräser, verlangen härtere Scheiben als abgenutzte, die bereits eine breitere Zahnfläche aufweisen.

(Ein praktisches Beispiel: Eine Schleifscheibe schliff ein Werkstück von 90 mm Durchmesser mit 10 m/min Werkstückgeschwindigkeit tadellos, bei einem Stück von 120 mm Durchmesser dagegen wurde die Berührung zwischen Schleifscheibe und Stück zu groß, die Bindung zerbröckelte nicht mehr, und die Scheibe wurde stumpf. Auch Veränderungen der Werkstückgeschwindigkeit und der Spantiefe behoben die Übelstände nur zum Teil, das Stück erhitzte sich, es entstanden Rattermarken, und der Riemen rutschte. Es mußte eine weichere Scheibe genommen werden.)

Allgemein gilt: Je mehr Schleifkörner in der Zeiteinheit unter Schnitt stehen, desto weicher muß die Scheibe sein. Deshalb verlangen höhere Schnittgeschwindigkeiten weichere Scheiben. Sehr dünne Scheiben müssen (trotz des höheren Flächendrucks) härter sein als breite.

Unterbrochene Flächen (z. B. genutete Wellen beim Rundschleifen), schmale oder einzeln nebeneinander liegende Teile beim Flachschleifen kann man mit härteren Scheiben schleifen als glatte Flächen, da die Kanten der Unterbrechung ein rascheres Ausbrechen der stumpfen Körner bewirken; gleiches gilt für Scheiben zum Abgraten und Gußputzen.

Hohle Werkstücke, die keinen so raschen Wärmeabfluß ermöglichen wie volle, verlangen eine weichere Scheibe, damit der Schnitt stets scharf ist; das gilt besonders für Trockenschliff.

Einen gewissen Einfluß auf die Härte der Scheibe besitzt die Körnung; von zwei Scheiben mit gleich harter Bindung wirkt die feiner gekörnte härter.

Von großer Bedeutung ist die Starrheit der Maschine. Das Zittern einer unstarren Maschine bringt die Schleifkörner rascher zum Ausbrechen, als der ruhige Gang einer schweren Maschine. Deshalb kann man auf starren Maschinen weichere Scheiben benutzen.

Den Härtegrad der Schleifscheiben drücken die verschiedenen Firmen durch verschiedenartige Bezeichnungen aus. Unter den etwa zehn bedeutenden amerikanischen Werken gab es vor dem Kriege nicht zwei, die die gleichen Bezeichnungen verwandten, und auch die deutschen Schleifmittelwerke haben sich noch nicht auf einheitliche Benennungen geeinigt. Eine Normung der Härten ist auch kaum möglich, da außer der Art des Bindemittels der Preßdruck, die Brenntemperatur usw. (s. oben) stark mitsprechen. Eine Definition der Scheibenhärte ist aus obigen Gründen kaum möglich. Übrigens kann man häufig feststellen, daß Scheiben trotz angegebenen gleichen Härtegrades und gleicher Körnung ganz verschieden arbeiten. Die nebenstehende Tafel stellt einige Scheiben verschiedener Herkunft nebeneinander: zu beachten ist, daß eine keramisch oder mineralisch gebundene Scheibe im Gebrauch eine andere Härte besitzt als die unter ihr aufgeführte, der Tafel nach gleich harte vegetabilische Scheibe.

Die Bestimmung der Härte einer vorhandenen Scheibe kann gefühlsmäßig erfolgen, indem man in ihre Seitenfläche einen Meißel, eine alte Feile oder einen Schraubenzieher eindrückt und dabei etwas um die Längsachse dreht. Aus dem sich dabei ergebenden Widerstand läßt sich bei großer Übung unter Vergleichung mit einem Musterstück die Härte schätzen. Ein einwandfreies Mittel zur Feststellung der Härte besitzen auch die Schleifmittelwerke nicht, obgleich mechanische Prüfvorrichtungen vorhanden sind.

Härtegrade.

	extra weich	sehr weich	weich	mittel-weich	mittel	mittel-hart	hart	sehr hart	extra hart
Carborundum Co.									
keramische und mineralische Bindung . .	Z Y X	W V U	T S R	P O N	M L K J	I Ix H Hx	G Gx F E	D	
vegetabilische Bindung		11 10 —	9 8	7 6 5	4 3	2 1	1/2		
Norton Co.									
keramische und mineralische Bindung . .			E F G H	I J K L	M N O P	Q R S T	U V W X		Y Z
vegetabilische Bindung			1 1 1/2	2 2 1/2	3 4	5	V_6 V_7		
Karborundum-Werke.									
keramische Bindung .			W 1/2 W 1 1/4 H	3/8 H 1/2 H	5/8 H 3/4 H 7/8 H H	H_1 H_2 H_3	H_4		
Mehrere deutsche Firmen									
keramische Bindung .			00 0 1 3	5 7 9 10	11 13 14 15	17 19 20 21	23		

Die Korngröße. Die Größe des Schleifkorns hat nicht die gleiche Wichtigkeit wie der Härtegrad der Scheibe. Folgende Gesichtspunkte sind bei der Auswahl maßgebend:

Diejenigen Verhältnisse, welche eine weiche Scheibe verlangen, bedingen im allgemeinen ein grobes Korn, da dieses leichter ausbricht als das feine. Beispielsweise verlangen also große Berührungsflächen und Schleifscheibengeschwindigkeiten ein gröberes Korn als kleine Berührungsflächen und kleine Scheibengeschwindigkeiten. Beim Innenschleifen z. B. nimmt man deshalb gröbere Körnungen als beim Außenschleifen. Allgemein ist zu beachten, daß feinkörnige Scheiben das Werkstück stärker erhitzen, und daß sich ihre Poren leichter verstopfen als die der grobkörnigen. In solchen Fällen bleiben die Körner zwar scharf, sie können aber nicht mehr schneiden, da sie aus dem Umfang nicht mehr herausragen. Eine solche verschmierte Scheibe ist also auf ihrer Oberfläche nicht mehr porös (im Gegensatz zur stumpfen Scheibe), sie ist glatt, erhitzt die Arbeitsstelle und verdirbt die geschliffene Fläche. Deshalb müssen Kupfer und Messing mit grobkörnigen und schmalen Scheiben geschliffen werden, zumal kleine Schleifkörner von diesen schmierenden Metallen zu leicht herausgerissen werden, ehe sie ausgenutzt sind. Weiter ist zu beachten:

Zum Schruppen nimmt man gröbere Scheiben als zum Schlichten; deshalb braucht man aber noch nicht immer mit feinen Scheiben zu schlichten; auch grobe Scheiben können saubere Flächen erzeugen, nur müssen sie ständig scharf sein, und die Arbeit dauert etwas länger.

Das grobe Korn dringt in glatte Flächen schlechter ein als das feinere; deshalb schleift man sauber vorbearbeitetes Gußeisen besser mit einer feinkörnigeren Scheibe fertig als Stahl.

Für das Scharfschleifen von Schnellstahlwerkzeugen empfehlen sich gröbere und weichere Scheiben als für Kohlenstoffstahlwerkzeuge. Sehr hartes Material z. B. Hartguß, gehärteter Stahl, Manganstahl, Stellit, erfordert feinkörnige (und, wie schon oben bemerkt, weiche) Scheiben, da zwar die Körner rasch stumpf werden und deshalb bald ausbrechen müssen, eine grobkörnige Scheibe sich aber dabei zu rasch abnützen würde, und ihre Körner schon durch den hohen Anpressungsdruck (zumal bei harter Bindung) beschädigt werden könnten. Man muß deshalb feinere aber zahlreichere Spänchen abnehmen.

Starre Maschinen gestatten die Verwendung gröberer Körnungen als unstabile Maschinen.

Im Handel sind etwa 18 verschiedene Korngrößen zu haben. Das im elektrischen Ofen gewonnene Schmelzerzeugnis wird zur Erlangung der verschiedenen Körnungsgrade zerkleinert und mehrfach gesiebt. Die amerikanischen Fabriken bezeichnen die verschiedenen Körnungsgrade durch die Anzahl der Siebmaschen auf ein Zoll Sieblänge, durch welche das betreffende Korn noch hindurchfällt. Die Drahtstärke der Siebe ist etwa gleich $1/3$ des Lochmaßes. Daraus ergeben sich die nachstehenden Nummern, die mit einer deutschen Bezeichnung zusammengestellt sind (die aber auch nicht allgemein eingeführt ist):

Korngrößen.

	sehr fein				fein		mittel				
Norton Co. u. Karborundum-Werke, Naxos-Union	220	200	180	150	120	100	80	70	60	50(46)	40(38)
Mehrere deutsche Firmen	—	—	—	—	—	—	1	2	3	4	5

	grob				sehr grob			
Norton Co. u. Karborundum-Werke, Naxos-Union	36	30	24	20	16	14	12	10
Mehrere deutsche Firmen	6	7	8	9	10	11	12	13

Die Normung der Korngrößenbezeichnungen ist in Amerika im Gange, und es besteht Aussicht, daß sie dann auch in Deutschland erfolgen wird.

Für das Schleifen mit der Schleifscheibe kommen im normalen Maschinenbau, d. h. insbesondere für gehärteten und weichen Stahl, gewöhnlich die Körnungen Nr. 60÷24 der oberen Reihe in Betracht. Die feinen Körnungen von 220÷100 kommen lose oder als Ölsteine zur Verwendung. Die Bezeichnung der feinsten geschlemmten Pulver erfolgt nicht nach der Siebgröße, sondern ihre Nummern entsprechen der Minutenzahl, die das Pulver benötigt, um in einer Wassersäule von bestimmter Höhe bis auf den Boden zu sinken.

Heute verwendet man vielfach „kombinierte Scheiben" (Verbundscheiben), d. h. solche mit einer Mischung aus zwei verschieden groben Kornsorten. Diese Scheiben haben bei richtiger Auswahl den Vorteil, daß sie gleichzeitig rasch und sauber arbeiten; außerdem bleiben sie besonders lange schneidfähig. Man kann somit die gleiche Scheibe zum Schruppen und Schlichten verwenden. Die Bezeichnung der Korngrößenmischung ist entweder willkürlich, oder sie bezieht sich auf das grobe Korn, oder sie enthält beide Korngrößennummern. Die Zusammenstellung der beiden Korngrößen ist Sache des Erzeugers, da sie große Erfahrung verlangt.

Die Wahl der Schleifscheibe im Einzelfalle. Folgende auf den Erfahrungen der amerikanischen Norton Co. aufgebaute Tafel kann als Anhalt für die Auswahl der Schleifscheiben für verschiedene Zwecke (auch für Nichtmetalle) dienen. Die Worte sind übrigens nur mit Vorbehalt zu benutzen, da an verschiedenen Stellen häufig verschiedenartige Angaben gemacht werden, ein Zeichen dafür, daß die Anschauungen noch häufig wechseln. Die Werte decken sich auch nicht immer mit den oben entwickelten Schleifregeln. (Wenn nichts anderes angegeben, sind keramisch gebundene Scheiben gemeint. Die mit „veg." bezeichneten Scheiben besitzen vegetabilische, die mit „min." bezeichneten mineralische Bindung; „komb." bedeutet kombinierte Scheibe.)

	Alundum-Scheiben (Aluminiumoxyd)		Crystolon-Scheiben (Siliziumkarbid)	
	Korn	Härte	Korn	Härte
Für das Gußputzen:				
Gußstücke putzen (kleine)	24÷30	P÷R	20÷36	R÷S
„ „ (große)	16÷20	Q÷R	16÷24	Q÷U
Für das Rundschleifen:				
Aluminiumguß	36÷46	3÷4 veg.	20÷24 30÷36	P÷R 4÷5 veg.
Bronze- u. Messingguß (gewöhnlich)			30	K÷L
Bronze- u. Messingguß (große Stücke)			20÷24	Q÷R
Bronze- u. Messingguß (kleine Stücke)			24÷36	O÷R
Chromnickelstahl	38÷24 komb.	L		
Drehbankspitzen	46÷120	J÷M		
Gußeisen	24 komb.	J÷K	30÷46	J÷L
„ (abgeschreckt)	20÷30	P÷U	20÷30	Q
Hartgummi	30÷50	J÷K	30÷50	K÷M

	Alundum-Scheiben (Aluminiumoxyd) Korn	Alundum-Scheiben (Aluminiumoxyd) Härte	Crystolon-Scheiben (Siliziumkarbid) Korn	Crystolon-Scheiben (Siliziumkarbid) Härte
Hartgußwalzen schruppen			30÷50	2÷3 veg.
„ schlichten (auf Sonderschleifmaschinen)	70	$1^1/_2$÷2 veg.	70÷80	$1^1/_2$÷2 veg.
„ auf Drehbänken mit aufgesetzter Schleifscheibe			46÷60	N÷P
Horn und Knochen			30÷60	O
Manganstahl	16÷46	L÷P		
Nickelguß	20÷24	P÷Q	20÷24	R
Nickelbronze			24 30	Q P
Porzellan			36÷50	Q÷R
Schmiedbarer Guß (große Stücke)	14÷20	P÷U	16÷20	R÷S
Schmiedbarer Guß (kleine Stücke)	20÷30	P÷S	20÷30	Q÷S
Schmiedeeisen	12÷30	P÷U		
Schmiedestücke	20÷30	P÷R		
Stahl, weich	38—36 komb.	L		
„ gehärtet	46	K		
Stahlguß (große Stücke)	10÷20	Q÷U		
„ (kleine Stücke)	20÷30	P÷S		
Waggonräder aus Gußeisen			16÷24	P÷R
„ aus Hartguß	20	Q	16÷24	O÷Q
Für das Formschleifen (radiales Einstechen):				
Chromnickelstahl	24 komb. od. 46	J÷M		
Stahl, weich	24 komb. od. 46	L÷N		
„ gehärtet	20 komb. od. 46	L÷N		
Für das Innenschleifen:				
Aluminiumguß			36	2—3 veg.
Autozylinder aus Gußeisen			30÷60	J÷L
Bronze- und Messingguß			30÷46	K÷M
Chromnickelstahl	38÷46	J÷K		
Gußeisen			30÷46	J÷L
Stahl, weich	38÷46	J÷M		
„ gehärtet	38÷46	J÷L		

	Alundum-Scheiben (Aluminiumoxyd) mit Flachscheibe (Umfang) Korn	Härte	mit Ringscheibe (Stirnfläche) Korn	Härte	Crystolon-Scheiben (Siliziumkarbid) mit Flachscheibe (Umfang) Korn	Härte	mit Ringscheibe (Stirnfläche) Korn	Härte
Für das Flachschleifen:								
Aluminiumguß					24÷36	$1^1/_2$ bis $2^1/_2$ veg.	16÷30	H÷K
Bronze- und Messingguß					20÷30	I÷K	14÷30	I÷L
Chromnickelstahl	14÷30	H÷K[1]	14÷36	G÷K[1]				
Gesenke aus Stahl	36÷60	J÷L						
Gußeisen					20÷30	I÷K[1]	14÷30	I÷K[1]
Schmiedbarer Guß	14÷36	J÷K					14÷30	H÷L[1]
„ „ (große Stücke ungeglüht)					20÷30	I÷M	16÷24	I÷M[1]
Stahl, weich	14÷24	J÷K	14÷36	J÷K[1]				
„ gehärtet	14÷30	H÷K[1]	14÷36	G÷K[1]				
Weichenzungen (Manganstahl)	14÷16	Q÷U						

[1]) = keramisch oder mineralisch gebunden.

Für das Schärfen von Werkzeugen:	Alundum-Scheiben (Aluminiumoxyd) Korn	Härte
Dreh- und Hobelstähle	20÷24 20÷36	P min. O÷P
Fräser (selbststätig schleifen)	46÷60	H÷M
„ (von Hand schleifen)	46÷60	J÷M
Holzbearbeitungs-Werkzeuge	46÷60	K÷M
Hobelmesser	30÷46	J÷K
Messer zum Lederschaben	60	N÷O
„ zum Lederspalten	24÷30	1÷2 vcg.
„ zum Papierschneiden	36÷46	J÷K
Rasiermesser	46÷120	H÷O
Reibahlen und Gewindebohrer (selbsttätig schleifen)	46÷60	J÷M
(von Hand schleifen)	46÷60	K÷O
Sägen	36÷50	M÷N
Scherenblätter	30÷60	J÷M
Spiralbohrer auf Sondermaschine	46÷60	M
„ von Hand schleifen	36÷60	K÷M
Werkzeugschleifmaschinen (gewöhnlich)	20÷36	O÷Q

Meist genügen für Rundschliff vier Alundumscheiben: J, K, L, M, alle mit Korn 24, die für hoch und niedrig gekohlten Stahl, Gußeisen, Hartguß und Bronze ausreichen. M kann sogar gespart werden, da die Scheibe 24 M nur für ganz weichen Stahl in Betracht kommt. Die Anwendung dieser vier Scheiben ist folgende:

Für Hartguß und Gußeisen und gehärteten Stahl von großem Durchmesser . . . . . 24 J
Für weicheren Hartguß, Gußeisen, gehärteten Stahl und Bronze von mittlerem Durchmesser . . . . . 24 K
Für weichen Stahl und Bronze . . . . . 24 L
Für sehr weichen Kohlenstoffstahl . . . . . 24 M

Für allgemeine Arbeiten kommt man sogar mit zwei Scheiben auf jeder Maschine aus, eine für Stahl und eine für Gußeisen.

Ratsam ist es, die Auswahl der jeweils benötigten Scheibe den Scheibenfabriken zu überlassen. Die Werke stellen für diesen Zweck Fragebogen zur Verfügung, in die alle der Kennzeichnung der vorliegenden Verhältnisse dienende Daten eingetragen werden.

Die Umfangsgeschwindigkeit der Schleifscheibe. Allgemein gilt für die Umfangsgeschwindigkeit der Schleifscheibe (unter der man die Leerlaufgeschwindigkeit unter Vernachlässigung des Abbremsens beim Schleifen versteht) Ähnliches wie für die Zähne eines Fräsers. Bei zu geringer Umfangsgeschwindigkeit treten bei gleichem Vorschub in der Zeiteinheit weniger Schneiden in Wirkung, jede Schneide nutzt sich also stärker ab und bricht schneller aus. Rasch laufende Scheiben wirken härter, langsam laufende weicher als ihrer Bezeichnung entspricht. Für freihändiges Schleifen ist eine Geschwindigkeit von 25 m/sec zweckmäßig; auf Supportschleifmaschinen kommt man bei Stahl mit einer Geschwindigkeit von 30 m/sec, bei Gußeisen mit 25 m/sec aus; kleinere Geschwindigkeiten als 25 m beim Rundschleifen vermeide man im Maschinenbau. Für gehärteten Gußstahl (z. B. Spiralbohrer) werden 20 m, für Schnellstahl 15 m/sec empfohlen. Auf Flachschleifmaschinen geht man gewöhnlich nur bis etwa 20, bei schweren Maschinen auch bis 25 oder 30 m/sec; Flachscheiben laufen rascher als Topf- und Ringscheiben, da bei diesen eine Kante besonders stark beansprucht wird. Auf Innenschleifmaschinen lassen sich bei sehr kleinen Schleifscheiben nur 8÷12 m/sec, bei größeren dagegen 20÷30 m erreichen; bei den kleineren Geschwindigkeiten pflegt man in diesem Falle einen Ausgleich durch Verwendung weicherer Scheiben zu schaffen.

Derartig hohe Geschwindigkeiten erfordern, wie schon weiter oben erwähnt, schwere Maschinen, vor allem kräftige Lagerungen der Schleifscheibe und des Werkstückes, sonst treten Erzitterungen ein. Selbstverständlich müssen die Riemen gut geleimt sein. Bei Rundschleifmaschinen muß man nach Abnutzung des Schleifscheibendurchmessers den Riemen von der größeren Stufe der Antriebsscheibe auf die kleinere Stufe legen, damit die Drehzahl erhöht wird, und die Umfangsgeschwindigkeit ungefähr die gleiche bleibt; geschieht das nicht, so sinkt die Leistung, und die Scheibe nutzt sich stärker ab. (Man hat aus dieser Tatsache vielfach gefolgert, daß die Schleifscheiben in der Mitte weicher seien als am Umfang; es ist aber selbstverständlich, daß eine Scheibe von 250 mm Durchmesser sich doppelt so rasch abnutzen muß, als eine solche von 500 mm Durchmesser, da bei ihr die halbe Kornzahl die gleiche Arbeit leisten muß wie bei der anderen.) Dazu kommt, daß bei kleiner werdender Scheibe ihre Berührungsfläche am Werkstück kleiner wird, wodurch die Scheibe ebenfalls rascher abgenutzt wird. Durch Verdoppelung der Umlaufzahl wird die Spanstärke für jedes Korn der kleineren Scheibe wieder auf das gleiche Maß zurückgeführt; jedes Korn kommt jetzt allerdings zweimal zum Angriff, wenn das einzelne Korn der großen Scheibe nur einmal schnitt, es braucht aber nicht mehr den großen Spanquerschnitt zu bewältigen, dem es nicht gewachsen ist. Man vermeide übrigens auch, die Schleifscheiben großer Maschinen bis auf den noch aufspannbaren Durchmesser aufzubrauchen; es ist wirtschaftlicher, die um ein gewisses Maß kleiner gewordene Scheibe auf einer kleineren Maschine mit höherer Drehzahl weiter arbeiten zu lassen. (Über den Einfluß der Scheibengeschwindigkeit auf das Stumpfwerden und Verschmieren der Schleifscheiben vgl. S. 39.)

Harte Scheiben müssen langsamer laufen als weiche, damit sie das Werkstück nicht zu sehr erwärmen. (An sich könnten begreiflicherweise harte Scheiben eine größere Zentrifugalkraft aushalten; das hat aber nichts mit der Arbeitsweise zu tun.) Weiche müssen — bei geringerer Spantiefe — schon deshalb rascher laufen, damit sie sich nicht zu stark abnutzen.

Siliziumkarbidscheiben müssen etwas langsamer laufen als die angegebenen Werte, die für Aluminiumoxydscheiben gelten.

Über 35 m/sec. arbeitet eine richtig ausgesuchte Scheibe nur wenig besser als unterhalb dieser Grenze.

Als Ergänzung zu den oben für das normale Schleifen mit keramisch gebundenen Scheiben angegebenen Werten seien einige Geschwindigkeiten für andere Fälle mitgeteilt:

Sandstein für Schneidstähle	4÷5	m/sec
„ „ Tischlerwerkzeuge	$3\div3^1/_2$	„
(es kommen auch Geschwindigkeiten bis 12 m vor, die aber besonders bei weichen Steinen gefährlich werden können)		
Vegetabilisch gebundene Scheiben	20÷25	„
Mineralisch gebundene Scheiben	20	„
Keramisch gebundene Trockenschleifscheiben zum Scharfschleifen von Werkzeugen	25	„
„ „ Naß-Schleifscheiben „ „ „	20÷25	„
Feinschleifen mit Backen oder Dorn	25	„
Büffellederscheiben	50	„
Bürstenscheiben	30÷40	„

Holzscheiben mit Lederbelag	35÷40 m/sec
Riemenschleifmaschinen	10÷35 „
Schmirgelleinen (aufgeleimt)	40 „
Schwabbelscheiben	35 „
Stahlscheiben mit Schleifbelag (für Flachschleifmaschinen)	40÷45 „
Walroßlederscheiben	40 „

Tafel für die Umdrehungszahlen der Schleifscheiben beim normalen Rund- und Innenschleifen.

Scheiben-Durchmesser Größe in		Umdrehungen in der Minute für eine Umfangsgeschwindigkeit von etwa		
Zoll	mm	25 m/sec	30 m/sec	35 m/sec
1	25	19 100	22 920	26 700
2	50	9 550	11 460	13 350
3	75	6 360	7 660	8 900
4	100	4 770	5 730	6 670
5	125	3 820	4 580	5 350
6	150	3 180	3 820	4 300
7	175	2 720	3 270	3 830
8	200	2 380	2 865	3 340
10	250	1 910	2 290	2 670
12	305	1 590	1 910	2 190
14	355	1 360	1 640	1 880
16	405	1 190	1 430	1 650
18	455	1 060	1 270	1 470
20	505	950	1 150	1 320
22	550	865	1 040	1 210
24	610	785	955	1 100
26	660	725	870	1 000
28	710	675	810	945

Der Werkstückvorschub (beim Rundschleifen = Umfangsgeschwindigkeit des Werkstücks). Die Drehbewegung (bzw. beim Flachschleifen die Vorwärtsbewegung) des geschliffenen Werkstückes ist ebenso zu beurteilen, wie die Vorschubbewegung des gefrästen Stückes. Ähnlich wie deren Größe abhängig ist von der Drehzahl des Fräsers und seiner Zähnezahl (d. h. von der in der Zeiteinheit abgeschnittenen Spänezahl), so ist diese Größe beim Schleifen abhängig von der Umfangsgeschwindigkeit und den sonstigen Verhältnissen der Schleifscheibe; mit steigender Scheibengeschwindigkeit kann auch die Werkstückgeschwindigkeit größer werden. An sich ist die Größe der Werkstückgeschwindigkeit weniger wichtig als die der anderen Bewegungen; sie hat aber einen starken Einfluß auf das Aussehen der Schleiffläche.

Als durchschnittlichen Wert für das Rundschleifen von Maschinenstahl und Gußeisen kann man bei mittleren Durchmessern und nicht zu langen Arbeitsstücken 10÷15 m/min rechnen. Bei schwachen Arbeitsstücken und großem Tischvorschub (Längsvorschub) gehe man bis auf die Hälfte dieses Wertes, bei gehärtetem Gußstahl und Schnellstahl geht man nötigenfalls bis auf 8 m hinab. Beim Flachschleifen mit der Stirnfläche von Topf- und Ringscheiben muß man mit großen Werkstückgeschwindigkeiten arbeiten, da wegen der großen Flächenberührung leicht Erhitzung eintreten kann. Auch beim Innenschleifen geht man häufig bedeutend höher.

Ist die Werkstückgeschwindigkeit zu klein, so muß auch der minutliche Längsvorschub klein werden, und die Leistung sinkt. Ist sie zu groß, so wird die Arbeitswärme zu hoch, es entstehen Erzitterungen, und die Scheibe nutzt sich zu stark ab. Wird die Schleifscheibe stumpf, so erhöhe man die Werkstückgeschwindigkeit (wodurch die Schleifkörner rascher ausbrechen), nutzt die Scheibe sich zu rasch ab, so ermäßige man sie, wodurch natürlich die Leistung sinkt. Besser als eine Regelung der Werkstückgeschwindigkeit ist die richtige Auswahl der Schleifscheibe.

Allgemein arbeiten die modernen Schleifmaschinen mit geringerer Werkstückgeschwindigkeit aber größerem Tischvorschub als die früheren Maschinen.

Der Längsvorschub (Tischvorschub). Der Längsvorschub ist beim Rundschleifen von der Scheibenbreite und der Drehzahl des Werkstückes abhängig, weshalb man seine Größe zweckmäßig nicht als Minutenwert, sondern als Bruchteil der Scheibenbreite, auf eine Umdrehung bezogen, angibt, obgleich bei den Maschinen die Längsvorschübe gewöhnlich unabhängig von den Werkstückgeschwindigkeiten sind. Um sicher zu gehen, daß die ganze Arbeitsfläche sauber wird und keine schraubenförmige Marke entsteht, muß der Vorschub (auf eine Umdrehung des Werkstücks bezogen) um ein genügendes Sicherheitsmaß unterhalb der Scheibenbreite bleiben, im übrigen aber recht groß sein. Seine Größe hängt also von der Scheibenbreite ab, die sich wieder nach der Größe der Maschine, der Härte des Werkstoffs (gehärtet oder ungehärtet usw.) richtet. Für Maschinenstahl kann man als Mittelwert für den Längsvorschub $^2/_3 \div {}^3/_4$, für Gußeisen $^3/_4 \div {}^5/_6$ Scheibenbreite annehmen. Kleinere Tischvorschübe als $^1/_2$ Scheibenbreite sind nur beim Schlichten zulässig (etwa $^1/_3$); beim Schruppen würde die Scheibe konvex werden, während sie bei größeren Vorschüben gerade bleibt. Nach neueren amerikanischen Untersuchungen sind große Tischvorschübe (bis zur vollen Scheibenbreite) vorzuziehen. Nur bei dünnen Werkstücken aus gehärtetem Gußstahl und Schnellstahl bleibt man häufig noch beträchtlich unterhalb obiger Maße. Beim Trockenschleifen mit schmalen Scheiben geht man bis auf fast die volle Scheibenbreite. (Längsvorschübe für das Innenschleifen siehe S. 49.)

Will man den Längsvorschub für eine Umdrehung des Werkstücks vergrößern, so muß man die Scheibe breiter wählen. Eine Vergrößerung der Scheibenbreite ist aber nur innerhalb gewisser Grenzen möglich, da die breitere Scheibe einen größeren Anpressungsdruck verlangt, dessen Grenze durch die Schwere und Durchzugkraft der Maschine gegeben ist; außerdem bringt der größere Druck eine größere Arbeitswärme und damit die Gefahr mit sich, daß sich das Werkstück verzieht. Darüber hinaus kann man also den minutlichen Längsvorschub nur durch Erhöhung der Werkstückdrehzahl vergrößern. Der Längsvorschub für eine Umdrehung des Werkstücks kann übrigens etwas größer werden, wenn die Werkstückgeschwindigkeit abnimmt, da in diesem Falle auf die Flächeneinheit des Werkstücks mehr Schleifkörner entfallen, und die Scheibe geringer beansprucht wird.

Arbeitsstücke mit kleinem Durchmesser nutzen die Schleifscheibe stark ab und werden deshalb mit kleinerem Tischvorschub geschliffen als dickere Stücke; dünnwandige Hohlkörper schleife man der schlechten Wärmeabfuhr wegen mit großem Vorschub, großer Werkstückgeschwindigkeit, aber geringer Spantiefe und weichen Scheiben. So werden z. B. Gewehrläufe geschliffen, die ohne hohe Werkstückgeschwindigkeiten und Längsvorschübe gar nicht mit der Schleifscheibe bearbeitet werden könnten.

Der Tiefenvorschub. Ähnlich wie die Spantiefe einer Feile von der Höhe ihrer Zähne abhängt, so wird die Tiefe der Schleifspäne von der Körnung der Scheibe bestimmt. Je gröber die Scheibe gekörnt ist, um so größer kann die Spantiefe sein. Läßt man eine feinkörnige Scheibe zu tiefe Späne abnehmen, so hört das Schneiden bald auf, die Poren setzen sich voll, und die Scheibe schmiert. Grundsätzlich kann der Tiefenverschub nicht größer sein als die Schnitttiefe des Schleifkorns.

Beim Rundschleifen ist in Betracht zu ziehen, daß schwache Arbeitsstücke (zumal wenn nur wenige Lünetten angesetzt sind) einen geringeren Arbeitsdruck, d. h. eine kleine Spantiefe verlangen, damit die Durchbiegung nicht unzulässig groß wird.

Bei starken Werkstücken darf aber die Spantiefe auch nicht zu groß gewählt werden, da sonst unter Umständen die Durchzugkraft der Maschine nicht ausreicht, denn je größer der Durchmesser des Werkstücks, um so größer ist die Berührungsfläche zwischen ihm und der Schleifscheibe, um so größer also das erforderliche Drehmoment. Ist die Maschine zu schwach, so sinkt hierbei die Drehzahl der Schleifscheibe, und es entsteht Bruchgefahr. Man muß deshalb oft den Längsvorschub verringern, wenn man den Tiefenvorschub steigern will. (Über eine gewisse Spantiefe hinaus nimmt übrigens das Drehmoment wieder ab, da dann kein Schleifen sondern ein Zermahlen der Schleifscheibe stattfindet, was natürlich zu vermeiden ist.)

Beim Schruppen von Maschinenstahl auf Rundschleifmaschinen mit einer Körnung von etwa 24 halte man sich an Spantiefen von 0,01 ÷ 0,04 mm (Spanabnahme im Durchmesser 0,02 ÷ 0,08 mm), bei Gußeisen kann man höher, aber vorteilhaft nicht über 0,05 mm, gehen. Beim Schleifen von Spiralbohrern aus Gußstahl oder Schnellstahl wird mit etwa 0,02 mm gearbeitet. Beim Flachschleifen bleiben die Spantiefen gewöhnlich zwischen 0,01 und 0,07 mm. Topf- und Ringscheiben dürfen nur dünnere Späne abnehmen als Flachscheiben, die mit dem Umfang arbeiten und freier schneiden (vgl. die entsprechende Bemerkung auf S. 16); ausgenommen bei unterbrochenen Flachscheiben und sehr schweren Maschinen. Beim Innenschruppen von gußeisernen Motorzylindern arbeitet man mit Spanabnahmen von etwa 0,02 ÷ 0,04 mm. Beim trockenen Scharfschleifen von Werkzeugen rechnet man beim Vorschleifen mit etwa 0,07, beim Fertigschleifen mit etwa 0,02 mm Spantiefe; bei starker Wasserkühlung kann man etwas stärkere Späne abnehmen.

B. Das Schlichten.

Für das Schlichten, d. h. für die Abnahme der letzten 0,02 ÷ 0,03 (im Durchmesser 0,04 ÷ 0,06) mm Material, gilt vor allem, daß eine genaue zylindrische oder ebene Fläche wichtiger ist als eine glänzende Oberfläche, die nicht immer genau sein muß. Allgemein sind weiche, frei schneidende Scheiben zum Genauschleifen besser geeignet als harte, weil für sie ein kleinerer Zustellungsdruck genügt, so daß kein Verziehen des Werkstücks zu befürchten ist, und weil sie länger schnittfähig bleiben. Die des öfteren gehörte Ansicht, daß härtere Scheiben sauberer schlichten als weiche, ist irrig. Da die Sauberkeit der geschliffenen Fläche um so größer ist, je mehr Schleifkörner innerhalb einer bestimmten Zeit auf die Flächeneinheit einwirken, so muß die Geschwindigkeit der Schleifscheibe hoch, und die des Werkstücks verhältnismäßig gering sein. Den Längsvorschub nehme man höchstens gleich der halben Scheibenbreite (vgl. S. 28); die Spanstärke so klein, daß die Scheibe nur sehr wenig feuert (bis zu etwa 0,005 mm hinab). Man schleift also nicht wie beim Schruppen mit einer unter Spannung stehenden Maschine und läßt die Scheibe zum Schluß nach Möglichkeit frei ausschleifen (ausfeuern), so daß die Maschine völlig ausfedert, was je nach Eignung der Schleifscheibe ein 2 ÷ 10 maliges Hin- und Herlaufen erfordert. Über die Körnung der Schlichtscheibe wurde schon auf S. 22 gesprochen. Nachzutragen ist nur, daß man auch ganz gut mit der gleichen Scheibe schruppen und schlichten kann; was sich bei geringer Anzahl von Werkstücken und überhaupt wenn irgend möglich empfiehlt, da der Zeitverlust durch den Scheibenwechsel stärker mitsprechen kann als der Vorteil der bestmöglichen Schlichtscheibe. Man braucht dann nur die Scheibe vor dem Schlichten sorgfältig abzurichten, worauf überhaupt stets zu achten ist (über Verbundscheiben siehe S. 23). Zu bedenken ist, daß die frisch abgerichtete Schleifscheibe noch zu rauh ist, um einen sauberen Schlichtschliff zu bewirken; erst wenn sie ein paarmal über das Werkstück gefahren ist, oder wenn man ihr die Schärfe durch mehrmaliges leichtes Überstreichen mit einem stumpfen Diamanten, einem Kieselstein oder einem Schleifscheibenstück genommen hat, besitzt sie die erforderliche glatte Oberfläche. Eine kräftige Wasserkühlung ist beim Schlichten wünschenswert, und zwar sowohl bei Gußeisen wie bei Stahl.

Von der Erzeugung von Hochglanz kann man meist absehen. Verlangt man ihn, so lasse man die normale Schleifscheibe, nachdem die Maßhaltigkeit erreicht ist, noch einigemal ohne Zustellung über das Werkstück laufen (ausfeuern, s. oben). Jedenfalls braucht man deshalb keine besonders harte Scheibe aufzuspannen. Das noch häufig geübte Verfahren, die betreffenden Teile vor dem Einbau mit abgenutztem feinem Schmirgelpapier blank zu machen, ist nicht zu empfehlen, da hierdurch die Flächen nicht genauer, sondern nur blank werden und unsorgfältigem Arbeiten Vorschub geleistet wird.

C. Zusammengefaßte Regel.

Da es nicht ganz bequem ist, aus den oben gegebenen Regeln das für den gerade vorliegenden Einzelfall Wesentliche herauszuziehen, sei noch einmal das für normale Arbeiten Wichtigste zusammengefaßt: Man lasse die Schleifscheibe mit etwa 30 m/sec laufen, nehme einen Längsvorschub von etwa $^3/_4$ Scheibenbreite, etwa 12 m/min, Werkstückgeschwindigkeit und eine so große Spantiefe, wie sie das Werkstück, die Maschine und die Schleifscheibe aushalten. Man erhält dann für gewöhnlich verhältnismäßig hohe Spanleistung, kleinen Scheibenverbrauch und günstigen Kraftverbrauch, ohne das Werkstück zu stark zu verbiegen. Befriedigt das Ergebnis nicht, so ändere man die einzelnen Werte folgerichtig nach den oben gegebenen Regeln ab.

Ein gewisses Bild davon, ob die gewählten Verhältnisse richtig sind, ergibt sich aus dem Schleifgeräusch, das scharf zischend, nicht aber dumpf brummend oder polternd sein darf, und aus dem Aussehen der Funkengarbe, die bei Maschinenstahl hellgelb ist, solange die Scheibe gut schneidet, und nachher dunkelrot wird. Verschiedene Stahlsorten lassen sich bei einiger Übung aus der Form und Farbe der Funken erkennen, wobei aber zu beachten ist, daß die Helligkeit der Funkengarbe auch vom Siliziumgehalt des Stahls abhängt. Bei den anderen Metallen ist die Farbe der Funken kein so deutliches Kennzeichen.

D. Spanleistungen, Kalkulation usw.

Gegenüber der auf der Schleifmaschine erzielten Hochwertigkeit der Arbeit, dem geringen Ausschuß und der ersparten Paßarbeit sprechen der Beschaffungspreis der infolge der erforderlichen Schwere und guten Ausführung verhältnismäßig teueren Maschine und der teueren Schleifscheiben sowie der verhältnismäßig hohe Kraftverbrauch erst in zweiter Linie mit. Zieht man nur die verbrauchte Energie in Betracht, so fällt ein Vergleich mit den mit Stahlwerkzeug arbeitenden Maschinen ungünstig aus (bei hoher Genauigkeit etwa 1 kg Maschinenstahl auf 1 PS.-Stunde — bei harten Scheiben noch ungünstiger — gegenüber 3÷5 kg auf der Fräsmaschine und etwa 13 kg auf der Drehbank). Das ist selbstverständlich, denn das unregelmäßig geformte und eingebettete Schleifkorn bietet nun einmal keine ideale Schneide dar.

Prof. Schwerd gibt folgende Werte an[1]:

Gußeisen:			
200 mm ∅ 400 mm lang	bei einer Toleranz von	0,01 mm	: 2÷4 kg/st
	,, ,, ,, ,,	0,02 ,,	: 6÷8 ,,
	,, ,, ,, ,,	0,05 ,,	: 8÷10 ,,
Stahl, gehärtet:			
150 mm ∅ 600 mm lang	,, ,, ,, ,,	0,01 ,,	: 1÷2 ,,
	,, ,, ,, ,,	0,02 ,,	: 2÷3 ,,
	,, ,, ,, ,,	0,05 ,,	: 4÷6 ,,

Hartgußwalzen: etwa 3 kg/st.

Bei richtig gewählten Scheiben und Geschwindigkeiten ist das Schleifen — zumal bei schwachen Werkstücken, die man sehr vorsichtig fräsen oder drehen müßte — günstiger als andere Bearbeitungsweisen. Wie die Schleifzeit und damit der Schleiflohn zu verringern ist, ergibt sich aus den oben ausgeführten Schleifregeln. Schlesinger hat bei seinen Schleifversuchen folgende Ergebnisse gefunden:

I. Maschinenstahl.	II. Gußeisen.
1. Der Kraftverbrauch wächst:	1.
mit zunehmendem Längs-Vorschub mäßig	desgl.
mit wachsendem Tiefenvorschub bis etwa 0,06 langsam,	desgl., bis etwa 0,04 mm
von da ab bleibt er fast unverändert	desgl,
mit zunehmender Scheibengeschwindigkeit wenig	desgl., jedoch stärker
2. Der Scheibenverbrauch wächst schnell mit steigendem Längsvorschub	2. desgl.
desgl. mit steigendem Tiefenvorschub	desgl., jedoch langsam
nimmt ab mit wachsender Scheibengeschwindigkeit	desgl., jedoch weniger
3. Die spezifischen Kosten, d. h. die zur Erzeugung von 100 ccm Eisenspänen erforderlichen Kostensummen aus 1. und 2.	3.
wachsen mit steigendem Längsvorschub	ändern sich unwesentlich
wachsen mit steigendem Tiefenvorschub	fallen stark
nehmen mit wachsender Scheibengeschwindigkeit ab	steigen langsam

Beim Rundschleifen ist die spezifische Scheibenabnutzung (auf die Gewichtseinheit des abgeschliffenen Metalls gerechnet) ungefähr proportional dem Durchmesser des Werkstückes, da die Scheibe bei größerem Durchmesser weicher, und die Maschine schwerer sein muß. Schleifscheiben mit großem Durchmesser sind übrigens wirtschaftlicher als kleine, da sie nicht so oft abgerichtet zu werden brauchen; auch scheinen die spezifischen Scheibenkosten (auf 1 kg des abgeschliffenen Materials berechnet) günstiger auszufallen. Die mittlere spezifische Leistung gebrannter Schleifscheiben beträgt bei Rundschleifmaschinen etwa 20÷25 kg Maschinenstahl auf 1 kg des Schleifwerkzeugs, bei Innenschleifmaschinen etwa 30 : 50 kg, also günstiger; beim Flachschleifen ist der Wert jedenfalls ungünstiger, da die Scheiben weicher sind. Als normale stündliche Spanleistung können bei kräftigen Rundschleifmaschinen und üblicher Genauigkeit etwa 10 : 20 kg mittelharter Stahl und 15÷50 kg mittelhartes Gußeisen gelten. (Als Gewaltleistungen wurden schon über 60 kg Stahl in

[1]) Zeitschr. d. Vereines deutsch. Ing. 1915.

der Stunde erreicht.) Auch beim groben Flachschleifen von Gußstücken mit der Segmentscheibe kann man bei etwa 0,1 mm Genauigkeit mit diesen Werten rechnen; das gilt für mittelgroße Maschinen, während für schwere Maschinen sogar doppelt so große Werte angegeben werden. Flachschleifmaschinen mit auf Stahlscheiben aufgeklebtem Hochleistungsbelag schleifen bis etwa 5 kg weichen Stahl und bis etwa 12 kg Gußeisen in der Stunde ab. Gewaltleistungen ergaben auch hier ein Mehrfaches der Normalwerte. Gerade beim Flachschleifen können gegenüber dem Hobeln und Fräsen außerordentlich hohe Ersparnisse (90% und mehr) gemacht werden.

Die Berechnung der Schleifzeit. Beim Rundschleifen ergibt sich folgende Berechnungsweise:

T = Schleifzeit des Werkstückes in min	v_w = Werkstückvorschub i. m/min
D = Durchmesser des Werkstücks in mm	v_l = Längsvorschub in mm/U.
L = Länge des Werkstücks in mm	v_t = Tiefenvorschub in mm
z = Materialzugabe auf den Durchmesser in mm (vgl. S. 43).	n = Drehzahl des Werkstücks in der Minute.

$$T = \frac{\pi \,.\, D \,.\, L \,.\, z}{2} \times \frac{1}{v_w \,.\, v_l \,.\, v_t \,.\, 1000} \text{ min}$$

$$v_w = \frac{\pi \,.\, D \,.\, n}{1000}$$

also

$$T = \frac{L \,.\, z}{2 \,.\, n \,.\, v_l \,.\, v_t} \text{ min}$$

Man kann nun für bestimmte Arbeiten und Materialien die unveränderlichen Teile dieser Formel in Tafeln zusammenstellen, erhält damit aber noch kein fertiges Kalkulationshilfsmittel, da die verschiedensten Umstände berücksichtigt werden müssen. So sind die letzten Schnitte sorgfältiger und feiner auszuführen, man muß häufig stillsetzen und messen usw.

Mit folgenden Zuschlägen zu obiger Grundzeit kann man rechnen:

Für das Messen beim Schruppen . . . . . . + 15%

Für das sorgfältigere Arbeiten, Abnehmen des Auslaufgrats usw. beim Schlichten . . . . + 30%

Für Anstellen der Lünetten usw. . . . . $+ \frac{L}{2D}$ min

Für Auf- und Abspannen des Werkstücks, Abrichten der Scheibe und sonstige Aufenthalte . . . . $+ 0{,}03 \,.\, D + 0{,}005\, L$ min

Bei abgesetzten Wellen ist jeder Ansatz für sich zu berechnen. Bei auf ganzer Länge geschliffenen Wellen ist zu beachten, daß der Mitnehmer auf einer Seite sitzt und deshalb umgespannt werden muß; es ist deshalb jede Seite für sich zu berechnen. Bei Kegelteilen ist der doppelte Wert von T zu veranschlagen. Bei nur blank (nicht lehrenhaltig) zu schleifenden Teilen genügt etwa $^2/_3$ des Wertes von T.

Für das Einrichten einer Rundschleifmaschine (vgl. auch die Tafel auf S. 33÷34 kann man je nach der zu schleifenden Länge etwa 15÷45 Minuten ansetzen; handelt es sich um Kegelteile, so ist diese Zeit um 20—30 Minuten zu erhöhen.

Eine vereinfachte Faustformel für das Rundschleifen von Stahl gibt als überschläglichen Wert an:

$$T = L \cdot \left(\frac{z}{75} + 0{,}01\right) \text{min} \qquad \text{bis } 32 \text{ mm } \varnothing$$

$$T = L \cdot \left(\frac{D \cdot z}{3000} + 0{,}01\right) \text{min} \qquad \text{über } 32 \text{ mm } \varnothing$$

Für Gußeisen betragen die Nennerwerte $^2/_3$ des angegebenen; für jeden Ansatz rechne man 1 Minute mehr, des Messens wegen.

Eine anscheinend recht brauchbare Formel wird von der Firma Churchill mitgeteilt. Dieselbe lautet — in mm und handlichere Form umgerechnet — für Stahl:

$$T = \frac{D \times L \times k}{10000}$$

für eine Materialabnahme von 0,8 mm im Durchmesser.

Die Formel hat den Vorzug, daß für die Größe von k verschiedene Werte angegeben werden, je nach Größe der Schleifscheibe, so daß der Stärke der Maschine Rechnung getragen wird.

Durchmesser des Werkstücks in mm	Größe der Schleifscheibe	k
100	26 " × 3 "	1,7
75	(= 660 × 75 mm)	1,8
50	,,	2,3
38	,,	2,8
25	,,	3,9
75	14 " × 2 "	2,8
50	(= 355 × 50 mm)	3,9
38	,,	4,8
25	,,	6,5
75	12 " × 1 "	3,9
50	(305 × 25 mm)	4,9
38	,,	5,8
25	,,	8,2

Die Länge ist wie der Durchmesser in mm einzusetzen; für 0,4 mm Materialabnahme nehme man $^2/_3$ der aus der Formel erhaltenen Schleifzeit. Für Werkstücke unter 25 mm Durchmesser ist die Schleifzeit etwas länger und abhängig von der Starrheit der Unterstützung. Für besondere Genauigkeit (z. B. Lehren) und feste Passungen müssen die Werte gleichfalls erhöht werden. Die berechnete Schleifzeit gilt für Vor- und Fertigschleifen zusammen; sie stellt nur die reine Schleifzeit dar und gilt für Einzelanfertigung. Die Zeiten für das Schleifen von Gußeisen kann man aus den nach der Churchillschen Formel erhaltenen Werten durch Multiplikation mit 1,5 erhalten. Für harten Stahl müssen die Werte gleichfalls erhöht werden.

Als Ergänzung zu den angegebenen Werten mögen die nachstehenden von der amerikanischen Firma Le Blond Machine Tool Co., Cincinnati, durch Zeitstudien festgestellten Nebenzeiten mitgeteilt werden (nach „Machinery“ Juli 1919), die allerdings sehr kurz sind und keine einfache Übertragung gestatten:

		Minuten
Mitnehmer aufsetzen	Federmitnehmer	0,06
	Schraubenmitnehmer	0,09
	Klemmitnehmer	0,12

		Minuten
Zentrierlöcher reinigen	weiches Material, kurze Stücke	0,09
	„ „ lange „	0,20
	gehärtetes Material	0,15
Zentrierlöcher ölen	kurze Stücke	0,06
	lange Stücke	0,08
Zentrierlöcher einfetten, schwere Stücke		0,30
Auf die Maschine bringen	kurze Stücke, von Hand	0,10
	lange Stücke, von Hand	0,15
	schwere Stücke, mit Winde	0,85
Schleifscheibensupport einstellen	bei kleiner Scheibe	0,17
	bei großer Scheibe	0,30
Tischanschläge einstellen		0,40
Messen mit dem Mikrometer	bis 75 mm ∅, bis 75 mm Länge	0,17
	„ 75 „ „, 75—150 „ „	0,20
	„ 75 „ „, 150—300 „ „	0,25

Auf das Innen- und Flachschleifen müßten die Angaben dieses Abschnittes sinngemäß übertragen werden.

E. Die Schleifgenauigkeit.

Falsch ist die noch hier und da anzutreffende Ansicht, daß mit der Schleifscheibe bearbeitete Gleit- und Laufflächen zum Fressen neigen müssen, weil abgelöste Schleifkörner haften bleiben können. In der glatten Fläche harter Metalle (für Aluminium, Kupfer usw. gilt das nicht uneingeschränkt) setzt sich kein Schleifkorn fest, und aus Hohlräumen kann man den Schleifschlamm gewöhnlich ausspülen bzw. den Schleifstaub heraussaugen oder herausblasen. Die Genauigkeit maschinell geschliffener Werkstücke ist so hoch wie die verhältnismäßig engen Herstellungstoleranzen und die Starrheit der Schleifmaschinen sie zulassen, d. h. die im Feinmaschinenbau vorkommenden Passungsmaße sind auf kräftigen Maschinen leicht zu erzielen. Beim Rundschleifen läßt sich für gewöhnliche mittlere Arbeiten auf guten Maschinen eine Rundheit bis auf 0,01 mm und eine Geradheit von 0,01 mm auf 300 mm Länge ohne weiteres erreichen. Man kann aber bei sorgfältigen Arbeiten die Unrundheiten bis auf etwa 0,002 mm, auch 0,001 mm herabdrücken. Das gleiche gilt für das Innenschleifen; bei kleineren Löchern kann mit einer Genauigkeit von etwa 0,005, bei Motorzylindern etwa 0,02 mm im Durchmesser gerechnet werden. Die beim Flachschleifen zu erwartenden Genauigkeiten sind bei wagerecht-spindligen Maschinen gewöhnlich etwa 0,01 mm, bei lotrechtspindligen 0,05 mm — bei sehr guten Maschinen und ganz sauberem Aufspanntisch und Werkstück bis auf etwa 0,02 mm herab —; das gilt natürlich nur für spannungsfreie Befestigung des Werkstückes, bei Trockenschleifen für eine unterbrochene Arbeitsweise, d. h.: Vorschleifen, Abspannen, Abkühlenlassen und mit feinem Schnitt Fertigschleifen. Für das Rund- und Flachschleifen von Lehren kann mit etwa 0,005 mm gerechnet werden. Alle diese Ziffern haben aber nur bedingte Bedeutung und sollen nur ein ungefähres Bild geben. Zu erwähnen ist, daß das Fertigschleifen von geraden und runden Führungen ohne zu schaben in den letzten Jahren an Ausdehnung gewonnen hat.

F. Trocken- und Naßschleifen.

Da die beim Schleifen entstehende Temperatur der Späne höher ist als bei anderen Zerspanungsarbeiten (etwa 1600÷2000°), so muß für kräftige Wärmeabfuhr gesorgt werden, damit nicht die in Fig. 8 dargestellten verbrannten Späne entstehen, sondern die richtigen in Fig. 9 gezeigten Späne, und damit sich das Arbeitsstück nicht verzieht.

Durch das Kühlen mit Flüssigkeit kann sich das rund oder flach geschliffene Werkstück nicht verziehen, die Schleifscheibe bleibt länger scharf, da die Schnittreibung verringert wird, die Schleiffläche wird sauberer, und der Schleifstaub wird niedergeschlagen. Außerdem kann man härtere Scheiben verwenden als bei Trockenschliff. Die Wärmeabfuhr erfolgt zum Teil durch das Werkstück selbst, deshalb müssen Hohlkörper mit besonderer Sorgfalt geschliffen werden (vgl. S. 28). Geschieht das nicht, so können die Werkstücke so warm werden, daß sie anlaufen. Je größer der Durchmesser des Werkstücks, je breiter die Schleifscheibe, und je höher ihre Geschwindigkeit, um so größer muß die Wassermenge sein. Auch erfordern gewisse Materialien, z. B. gehärteter Stahl, größere Wassermengen. Besonders kräftig muß gekühlt werden, wenn, wie z. B. beim Flachschleifen, mit der Stirnfläche die Berührungsfläche zwischen Werkstück und Schleifscheibe sehr groß ist, ferner beim Schlichten. Nach dem früher über die Bindungen der Schleifscheiben Gesagten kommt Naßschliff in der Hauptsache für keramisch gebundene Schleifscheiben in Betracht.

Gußeisen und Kupferlegierungen kann man ohne Nachteile trocken grobschleifen. Insbesondere werden gußeiserne Werkstücke, die geschabt werden sollen, vielfach trocken geschliffen, da hierdurch der Angriff des Schabers erleichtert werden soll.

Muß man aus irgend welchen Gründen von der Zufuhr von Kühlflüssigkeit absehen, so ist man gezwungen, mit kleinen Spantiefen, schmaler Scheibe, aber verhältnismäßig groben Längsvorschüben zu arbeiten, sonst erhitzt sich das Werkstück, springt, bzw. die Werkzeugschneide glüht aus. Niemals darf das trocken geschliffene Werkzeug mehr als handwarm werden.

Schneidstähle aus Schnellstahl werden vor dem Härten meist trocken vorgeschliffen — da dies rascher geht —, nach dem Härten aber naß fertiggeschliffen — da hierbei ein Ausglühen zu verhindern ist —. Das Trockenschleifen von Schnellstahl hat den Vorzug, daß sich in der Stahloberfläche keine Risse bilden können, die leicht entstehen, wenn der durch die Schleifreibung erwärmte Stahl durch das Kühlwasser plötzlich außen abgekühlt wird, die dem unbewaffneten Auge häufig nicht sichtbar sind, durch Ätzen aber zum Vorschein kommen. Diese Gefahr läßt sich bei gehärtetem Stahl dadurch verringern, daß man sehr viel Kühlwasser zuführt, schmale Scheiben verwendet und dünne Späne nimmt, d. h. schwach andrückt. Außerdem soll für das Schleifen nach dem Härten so wenig Material wie möglich stehen gelassen werden. Auch Spiralbohrer aus Schnellstahl schleift man gewöhnlich mit kräftiger Wasserkühlung. Sehr feinschneidige Werkzeuge aus Schnellstahl kühlt man besser mit Luft.

Vielzahnige Werkzeuge, wie Fräser und Reibahlen, besonders aus Schnellstahl, schleift man meist trocken, zumal die verwickelten Werkzeugschleifmaschinen durch den Schleifschlamm bald verschmutzt werden würden, und heute auch noch meist ohne Wasserkühlung gebaut sind. Auch auf Flachschleifmaschinen arbeitet man meist trocken, da sich diese Maschinen schlecht mit Wasserauffangeinrichtung bauen lassen. Man muß dann aber den für die Lunge sehr schädlichen Schleifstaub durch gute Absaugeeinrichtungen entfernen. Übrigens schützt auch Wasserzufuhr nicht vor Ausglühen der Schneiden falls zu starke Späne genommen werden.

Beim Innenschleifen muß man meist auf den Naßschliff verzichten, da der Schleifschlamm die Arbeit der Schleifscheibe behindert bzw. die Scheibe verschmiert. Vor allem bei Gußeisen arbeitet die Innenschleifscheibe besser trocken. Außerdem erschwert der Schleifschlamm das Messen der Bohrung. Es empfiehlt sich dann aber, das Werkstück außen vom Kühlwasser umspülen zu lassen, so daß wenigstens eine gewisse Kühlhaltung erzielt wird. Bei Automobil- und Flugzeugmotorzylindern würde eine innere Kühlung die Kanäle verschlammen; hier durchfließt das Kühlwasser deshalb den Wassermantel, während man den vorderen, nicht vom Wassermantel bedeckten Teil des Zylinders außen auch unmittelbar mit Wasser bespülen kann. Manche Werkstätten ziehen heißes Wasser vor, um bei einer der Betriebstemperatur angenäherten Arbeitstemperatur zu schleifen. Auch Dampfheizung des Wassermantels kommt vor. Ob es vorteilhafter ist, bei gewöhnlicher oder bei hoher Temperatur zu schleifen, hängt von der Form des Zylinders und der Verteilung seines Materials ab. Ist diese derartig, daß der heiße Zylinder seine Form stark ändert, so ist die Heizung von Vorteil. Andererseits ist es nicht gerade angenehm, ein heißes Arbeitsstück zu bearbeiten und zu messen. Dazu kommen die Schwierigkeiten, die sich daraus ergeben, daß die Lochlehre gewöhnlich kalt ist, und daß die Revision am kalten, d. h. unter Umständen verzogenen Stück stattfindet. Für gewöhnlich schleift man deshalb gußeiserne Zylinder von Verbrennungsmotoren ohne Wasserzufuhr oder mit Kaltwasserumlauf. Dies gilt besonders für Planetenschleifmaschinen. Übrigens ziehen viele trotz der aufgeführten Mängel auch bei Gußeisenzylindern das Naßschleifen vor; dann muß man aber die Kanäle vor der Montage sorgfältig mit Dampf ausblasen. — Genaue Stahlteile, die in Mengen herzustellen sind, wie Ringlehren, glatte Flugzeugmotorzylinder schleift man besser naß.

Auf Schleifscheiben von 350 mm Durchmesser rechnet man etwa 20—40 l Kühlwasser minutlich; auf größere Scheiben 80 ÷ 200 l. Noch mehr schadet nicht; dadurch bleibt die Maschine sauber. Dem Kühlwasser werden des Rostschutzes wegen 3—5% kalzinierte (oder eine entsprechend größere Menge kristallisierte) Soda zugesetzt. Stärkere Lösungen können der Farbe und dem Spachtel der Maschinen schädlich werden, ebenso ist Natronlauge (kaustische Soda) zu vermeiden, da diese gerade Rosten verursacht. Zum Schlichten und allgemein für weichen Stahl empfiehlt sich ein kleiner Ölzusatz (auch Bohröl; die Größe des Zusatzes richtet sich nach dem Wassergehalt des Bohröls), wobei gleichzeitig der Sodagehalt etwas heraufgesetzt werden kann. Als üblich kann für weichen Stahl 3 ÷ 4 kg Soda und $1/2$ ÷ 1 kg Öl auf 50 ÷ 60 l Wasser gelten. Der Zusatz ist von Zeit zu Zeit zu erneuern und soll stets so stark sein, daß die geschliffenen Teile nach dem Trocknen einen weißen Niederschlag aufweisen. Beim Schruppen von Gußeisen bleibt (falls hierbei überhaupt gekühlt wird) das Öl weg, da sonst die Scheibe verschmiert; beim Schlichten muß dagegen auch Gußeisen mit ölhaltigem Wasser gekühlt werden. Zu dicke Kühlflüssigkeiten sind schädlich. Man achte darauf, daß die Wasserbehälter der Schleifmaschinen mindestens einmal wöchentlich gereinigt werden.

Beim Schleifen von Aluminium kommt man mit den angegebenen Kühlmitteln nicht aus, da die abgeschliffenen Aluminiumteilchen die Poren der Scheibe verstopfen und die Scheibe verschmieren. Dagegen hat sich hierbei eine Mischung aus Petroleum und Spindelöl (zu gleichen Teilen) als zweckmäßig erwiesen.

G. Behandlung und Befestigung der Schleifwerkzeuge.

Sandsteine werden vielfach noch im Vierkantloch aufgenommen und durch Holzkeile auf der Spindel befestigt. Das ist eine schlechte Befestigungsart. Besser ist das Ausgießen des Spielraums zwischen der Spindel und dem gut zentrierten Sandstein mit Zement oder Blei.

Abziehsteine. Bei der Behandlung der Abziehsteine kommt es darauf an, sie scharfkörnig, gradflächig und unverschmiert zu halten. Die Steine müssen sich vor Gebrauch einige Tage lang in dünnem Öl vollsaugen und sollen möglichst in einer passenden verschlossenen Holz- oder auch Blechdose gegen Staub geschützt und mit einer sauberen Öl- oder Petroleumschicht bedeckt, aufbewahrt werden. Beim Schleifen wetze man nicht nur in der Mitte des Steines, sondern auf der ganzen Fläche, damit sich diese gleichmäßig abnutzt; gelegentlich drehe man den Stein herum und benutze die andere Seite. Die gewöhnlich ausgeübte kreisförmige Abziehbewegung ist nicht immer die beste; gerader Strich arbeitet rascher. Man wetze auf dem Stein stets unter Öl- oder Wasserzusatz, damit die feinen Späne weggespült und die Schneiden nicht erhitzt werden. Grobkörnige und weiche Steine können mit Wasser, künstliche Steine dagegen sollen nur mit Öl arbeiten. An Stelle des Öls kann man auch Glyzerin mit einigen Tropfen Alkohol verwenden, wozu der Stein aber vorher entölt werden muß (durch mehrmaliges Auftragen eines Schlämmkreidebreis und längeres Stehenlassen an einem warmen Orte). Nach Gebrauch ist die schmutzige Flüssigkeit abzuwischen, damit die Spänchen nicht antrocknen und die Poren verstopfen. Mit Glyzerin benetzte Steine lassen sich nach dem Verschmutzen mit warmen Wasser reinigen. Ist die Oberfläche uneben, so schleife man sie an der Seitenfläche einer Schleifscheibe oder auf einem auf ein Brett geklebten Bogen Sandpapier oder einer mit Schmirgelpulver bedeckten Gußeisenplatte glatt. Noch gründlicher kann man sie durch Abhobeln auf einer Shaping-Maschine mittels eines Diamanten wieder gebrauchsfähig machen. Unebene Steine ergeben keine genauen und scharfen Schneiden. Verschmutzte Steine kann man mit Gasolin, Petroleum oder Salmiakgeist (nicht mit Terpentin!) reinigen. Verharztes Öl läßt sich aber nur durch das erwähnte mechanische Aufarbeiten entfernen. Zerbrochene Ölsteine lassen sich dadurch wieder zusammenkitten, daß man die Bruchstellen durch Erwärmen auf einer warmen Eisenplatte von Öl befreit, mit Schellackpulver bestreut, und die Stücke auf der Platte so lange erwärmt, bis der Schellack schmilzt, worauf man sie gegeneinander preßt.

Schleifscheiben, Behandlung. Die rasch laufende gebrannte Scheibe moderner Schleifmaschinen ist bei richtiger Behandlung kein gefährliches Werkzeug mehr. Zersprengungsversuche haben 5 ÷ 10fache Sicherheit festgestellt. Die tangential wirkende Abschälkraft kann durch eine gewaltsam angepreßte Stahlstange weit über die Betriebsbeanspruchung hinaus vergrößert werden, ohne daß ein Zerspringen erfolgt. Scheibenunfälle durch Fliehkraft sind fast immer auf unrichtige Behandlung zurückzuführen; Herstellungsfehler sind heute, soweit bewährte Lieferer in Frage kommen, so gut wie ausgeschlossen, da die Scheiben vor dem Versand mit gesteigerter Drehzahl (etwa 50 m/sec) geprüft und genau ausgewuchtet werden. Dieses Auswuchten ist, sobald die Scheiben kleiner geworden sind, zu wiederholen und etwaige Unbalanz durch Aushöhlen der leichten Seite von der Nabe aus und Ausgießen mit Blei, oder auch durch Verwendung von Aufspannmuffen mit einem in einer Kreisnut verschiebbaren, durch eine Schraube festklemmbaren Laufgewicht zu beheben.

Vor allem sind die Scheiben sorgfältig zu befördern und zu lagern. Vor dem Aufbringen überzeuge man sich durch leichtes Anschlagen mit einem kleinen Hammer, ob die Scheibe durch einen hellen, glockenreinen Klang anzeigt, daß keine Sprünge vorhanden sind. Unter allen Umständen sind zu vermeiden: zu hohe Umfangsgeschwindigkeit, zu starke Erwärmung der Arbeitsstelle infolge ungenügender Kühlung, Einklemmen von Fremdkörpern zwischen Scheibe und Handauflagen, die deshalb immer bis dicht an die Scheibe angestellt werden müssen. Das Schlagen gegen den vorstehenden Teil des Umfanges von exzentrisch sitzenden Scheiben mit zu großer Bohrung zum Zwecke des Ausrichtens mit dem Hammer statt mit Holz, das Stehenlassen der Scheibe in Wasser, das seitliche Schleifen auf dazu nicht geeigneten Scheiben, seitliche Stöße gegen die Scheibe beim Aufbringen der Scheibe oder der Werkstücke auf die Maschine, vor allem aber unrichtiges Aufspannen und unsachgemäßes Abrichten der Scheibe ist gefährlich. Fehler, die hierdurch entstehen, sind viel schädlicher als die normale Arbeitsbeanspruchung.

Schleifscheiben, Aufspannen. Niemals darf eine Scheibe auf eine zu schwache Spindel gesetzt werden. Nach den Vorschlägen eines von dem Verein der amerikanischen Werkzeugmaschinenfabrikanten eingesetzten Ausschusses soll der Spindeldurchmesser nie kleiner sein als in folgender (umgerechneter) Tafel angegeben.

Durchmesser der Scheibe mm	Dicke der Scheibe in mm																		
	6	$9^1/_2$	$12^1/_2$	16	19	25	32	38	44	50	57	63	70	76	82	89	101	114	127
150	$12^1/_2$	$12^1/_2$	$12^1/_2$	19	19	19	19	19	19	19	19	19	19	19	19	19	25	25	25
175	19	19	19	19	19	19	19	19	19	19	19	19	19	25	25	25	25	25	25
200	19	19	19	19	19	19	19	19	19	25	25	25	25	25	25	25	32	32	32
225	19	19	19	19	19	19	19	25	25	25	25	25	25	32	32	32	32	32	32
250	19	19	19	19	19	19	19	25	25	25	25	32	32	32	32	32	32	63	63
300	19	19	19	19	19	25	25	25	25	25	25	32	32	32	32	32	63	63	63
350	22	22	22	22	25	25	32	32	32	32	32	32	32	38	38	38	38	38	38
400					32	32	32	38	38	38	38	38	38	38	38	44	44	44	44
450					32	32	38	38	38	38	38	38	38	44	44	44	44	48	48
500						38	38	38	38	38	38	38	44	44	44	48	48	48	48
600						38	38	38	44	44	44	44	44	50	50	50	50	50	50
650							38	38	44	44	44	44	50	50	50	50	57	57	57
750								44	44	50	50	50	50	57	57	57	63	63	53
900									50	57	57	57	63	63	63	70	70	75	75
	mm kleinster Spindeldurchmesser																		

Beim Aufbringen der Schleifscheibe auf die Spindel ist dafür zu sorgen, daß sie leicht paßt, sich nicht klemmt und nicht verspannt wird. Die Bohrung muß so groß sein, daß auch bei erwärmter Spindel kein Festklemmen eintritt; sie darf aber auch nicht zu reichlich bemessen sein, da dann die Gefahr vorliegt, daß die Scheibe exzentrisch läuft. Im Mittel kann der Spielraum etwa 0,1 mm betragen. Die Scheiben, die auf Supportschleifmaschinen benutzt werden, sollen mit möglichst hartem Blei (bei starker Beanspruchung durch exzentrisch wirkenden Schleifdruck nehme man Weißmetall) ausgegossen werden. Hierzu benutze man eine einfach herzustellende Vorrichtung, in der die Scheibe flach aufliegt, gut zentriert wird, und in deren Mitte ein der fertigen Bohrung entsprechender auswechselbarer Kernzapfen steckt. Will man die alte Bleinabe neu ausgießen, so rauhe man sie mit einem Meißel etwas auf, damit der neue Ausguß fest haftet.

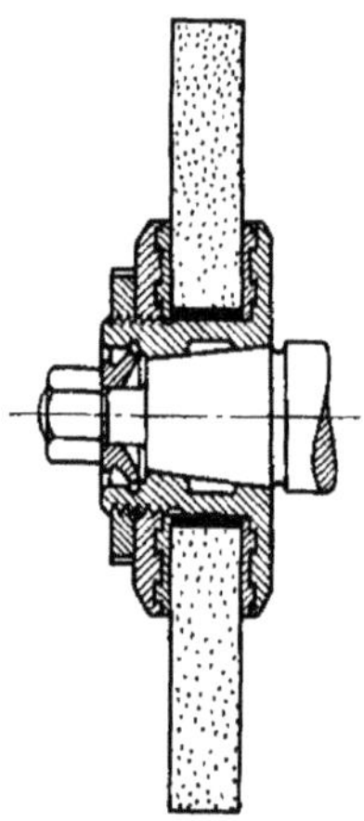

Fig. 25. Aufnahme der Schleifscheibe.

Sehr wichtig ist das richtige Aufflanschen. Die Flanschendurchmesser müssen $^1/_3 \div {}^1/_2 \times$ Scheibendurchmesser betragen, beide Flansche müssen gleich groß und entweder mit Weichmetall ausgegossen oder ausgespart und mit nachgiebigen, etwa 2 mm dicken Kartonscheiben — über 250 mm Durchmesser nimmt man Leder- oder Gummischeiben mit Leineneinlage — belegt sein, deren Durchmesser etwas größer sein muß, als der der Flansche. Ebene oder gar konvexe Flanschenstirnflächen sind verwerfich; sie sollen etwas hohl sein. Bei kleinen, mit dicker Bleinabe versehenen

Schleifscheiben können die Zwischenscheiben wegbleiben; dafür muß aber der Bleiausguß etwas breiter sein als die Scheibe, damit er vorsteht, und man sicher geht, daß nicht der Scheibenkörper den Flanschdruck aufzunehmen hat. Die Flansche solcher Scheiben, die nicht völlig sicher durch Hauben geschützt sind, müssen mindestens halb so groß sein wie die Scheiben, und die Scheibe darf um nicht mehr als 100 mm herausragen.

Die Bohrung von Bleinaben kann, falls sie zu klein ist, leicht mit einem Schaber erweitert werden. Nicht ausgegossene Scheiben kann man mit einer alten Feile (am besten zwei Halbrundfeilen mit einem Holzklotz dazwischen) oder einem Schleifscheibenbrocken vorsichtig ausarbeiten.

Auf lotrechtspindligen Flachschleifmaschinen werden größere Topfscheiben vielfach mit Zement, Schellack oder Schwefel aufgekittet. Auf großen wagrechtspindligen Flachschleifmaschinen arbeitet man mit Ringscheiben, die in einem großen Spannfutter sitzen und bis auf etwa 25 mm Dicke aufgebraucht werden können; hierauf können sie, zwischen große Schutzflansche eingespannt, auf anderen Maschinen mit dem Umfang weiter arbeiten.

Niemals darf eine größere oder breitere Scheibe auf eine Schleifmaschine gespannt werden als der Maschinenlieferer als Höchstmaß angibt. Um das Aufbringen einer zu großen Scheibe zu verhindern, bringt man wohl in passendem Abstand von der Spindel einen Anschlagbolzen am Maschinenständer an.

H. Das Abrichten der Schleifscheiben.

Sandsteine werden zweckmäßig nicht mit Eisenstange oder Gasrohr, sondern mit umlaufenden runden, glockenförmigen Messern abgerichtet, die mittels einer Supportführung parallel zur Achse und an den Seitenflächen entlang

Fig. 26. Abrichtapparat für Sandsteine mit Glockenmesser.

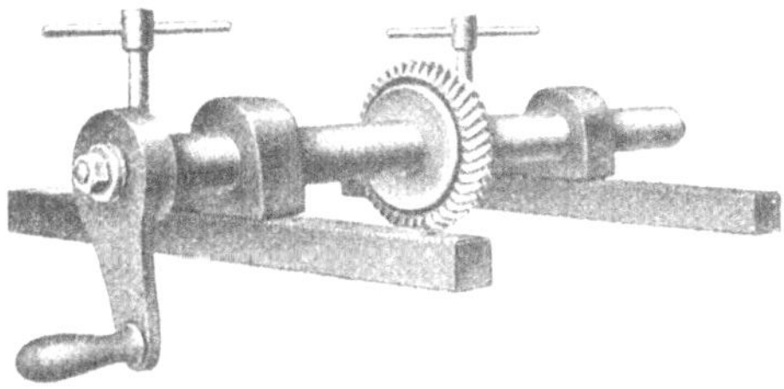

Fig. 27. Abrichtapparat für Sandsteine mit Fräser.

bewegt werden (Fig. 26). Diese arbeiten sauberer und genauer. Auch kräftige Fräser werden benutzt, die eine fein gefurchte Oberfläche erzeugen (Fig. 27). Ein eigenartiges Mittel wird angewandt, um weiche Stellen aus dem Steine zu entfernen: man belegt sie mit Birkenholzrinde und preßt diese mit heißen Eisenstücken an; die Härtung wird auf Öle zurückgeführt, die in den -- vorher zu trocknenden -- Stein eindringen. Das Verfahren muß nach dem Abrichten wiederholt werden.

Bei **künstlichen Schleifscheiben** handelt es sich um zwei Fälle, die bereits mehrmals erwähnt wurden, aber noch einmal kurz zusammengefaßt werden sollen: 1. Die Scheibe kann stumpf sein, dann ist sie blank, die Schleifkörner sind abgenutzt und stehen nicht mehr aus der Bindung vor, die Scheibe fühlt sich glatt an. Die Ursachen dieses Zustandes wurden weiter oben (unter „Bindung" und „Korngröße") besprochen; außerdem kann die Scheibe zu rasch laufen. 2. Die Scheibe kann aber auch verschmiert sein, d. h. es sind so viele abgeschliffene Metallteilchen hängen geblieben, daß sich die Poren verstopft haben, die einzelnen Schleifkörner keinen Anschnitt mehr besitzen, und die Scheibe wärmer wird als gewöhnlich; in diesem Falle ist die Scheibe ebenfalls zu hart, ihr Korn ist zu fein, oder aber sie läuft zu langsam. Auch die Werkstückgeschwindigkeit kann von Einfluß, oder der Tiefenvorschub zu groß sein (vgl. S. 28—29). In beiden Fällen findet kein Schleifen, sondern ein Bremsen statt; man muß abrichten und die Umfangsgeschwindigkeit der Scheibe bzw. des Werkstücks ändern. Hilft das nicht, so ist eine weichere Scheibe zu nehmen.

Künstliche Schleifscheiben dürfen unter keinen Umständen mit der Picke oder dem Meißel abgerichtet werden; sonst darf man sich nicht wundern, wenn Risse entstehen, die früher oder später einen Scheibenbruch herbeiführen.

Man muß beim Abrichten unterscheiden zwischen dem Reinigen der Scheibe, dem Schärfen und dem genauen Abdrehen:

Zum Reinigen der verschmierten Scheibe werden besondere stabförmige Mittel geliefert, die ein Schleifmittel enthalten. Weichmetalle, wie Aluminium, Kupfer, Lagermetall usw., die besonders auf einfachen Flachschleifmaschinen geschliffen werden, führen leicht zu einem Verschmieren der Scheiben. Man kann dem außer durch Auswahl der geeigneten Scheibe (vgl. S. 19 u. 22) dadurch vorbeugen, daß man von Zeit zu Zeit ein Gemisch von Öl und Fett auf die Scheibe pinselt und sie außerdem dann und wann mit einer Drahtbürste reinigt.

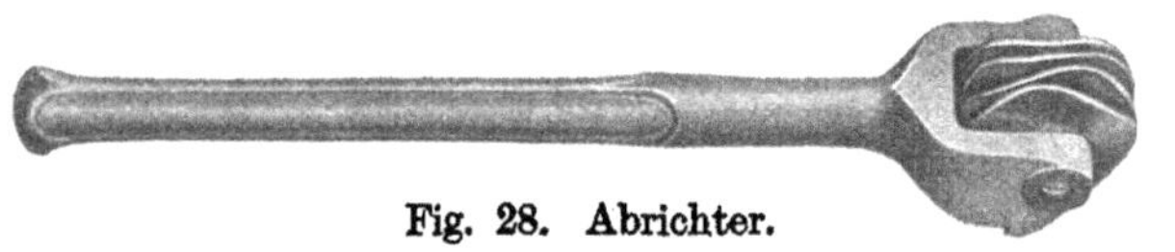

Fig. 28. Abrichter.

Fig. 29. Abrichter.

Fig. 30. Abrichter.

Kommt nur ein Schärfen in Frage (bei Maschinen zum Gußputzen, Stahlschleifen usw.), so genügen Abrichtapparate mit gewellten Stahlblechen (für grobes Korn) oder gehärteten Stahlrädchen (für mittleres Korn), die nicht schneidend, sondern zerdrückend auf den Scheibenumfang wirken. Die Figg. 28—30 zeigen verschieden gezahnte Abrichter; die unten sichtbare Nase dient zum Aufstützen. Diese Abrichter werden freihändig oder im Support geführt, und bei langsamem Gang der Scheibe angewandt.

Bei Supportschleifmaschinen dient das Abrichten nicht nur zum Schärfen, sondern auch zur Herstellung der genauen Scheibenform; hier darf nur mit dem Diamanten abgerichtet werden, abgesehen von Einzelfällen, z. B. bei Werkzeugschleifscheiben, wo oft ein Abziehen mit einem harten Karborundumstück (Körnung etwa 20) genügt. Feinkörnige Scheiben werden am besten nur mit dem Diamanten abgerichtet.

Die Abrichtdiamanten. Es gibt etwa fünf verschiedene Arten von Abrichtdiamanten, von denen die nachstehend erwähnten beiden die wichtigsten sind. Vegetabilisch gebundene Scheiben werden mit schwarzen Diamanten (Karbonate oder Karbone), keramisch gebundene mit hellen Diamanten (Borte, d. h. unreine oder schlechtfarbige Steine, die als Schmuck nicht zu brauchen sind) abgerichtet. (Alle Diamanten werden nach Karat — etwa 0,2 g — verkauft.) Die weitaus meisten Borte kommen aus Afrika; sie sind aber nicht so hart wie die brasilianischen. Je heller der Stein, um so härter ist er. Die gewöhnlich benutzten Borte sind grünlichgelb. Je mehr Kanten der Kristall hat, um so länger kann man ihn zum Abrichten benutzen; am besten sind die achtkantigen;

schwarze Diamanten sind härter und vor allem zäher, aber mehrfach so teuer als Borte; sie sind für das Abrichten harter Scheiben dauerhafter als diese. Harte Scheiben werden zweckmäßig mit schärferen Diamanten abgerichtet als weiche. Der Diamant darf keine Sprünge besitzen, sonst bricht er beim Arbeiten. Sein Halter muß fest eingespannt, nicht mit der Hand gehalten werden; niemals darf ein Diamant auf einer nicht völlig erschütterungsfrei arbeitenden Maschine zur Anwendung gelangen; er darf sich nicht erhitzen, sonst wird er zerstört, man läßt ihn deshalb (bei höchstens 25 m/sec Geschwindigkeit) unter kräftiger Wasserzufuhr arbeiten und zwar derart, daß er nur schabt, nicht schneidet. Mehrere leichte Schnitte (etwa 0,005 bis höchstens 0,02 mm tief) sind für die Lebensdauer des Diamanten besser als ein kräftiger Schnitt. Wenn sehr viel Material abzunehmen ist, z. B. wenn die Scheibe stark unrund geworden ist, kann es sich empfehlen, zuerst das Gröbste mit dem Abrichter zu entfernen und mit dem Diamant nur nachzuarbeiten. Man warte mit dem Abrichten niemals zu lange; sind schon stark exzentrische Stellen vorhanden, so ist die genaue Form nur mit großem Verlust an Scheibenmaterial herzustellen. Ganz abgesehen davon, daß Unrundheiten ungenaues Arbeiten und Erzitterungen verursachen und eine Gefahr für die Scheibe selbst bedeuten.

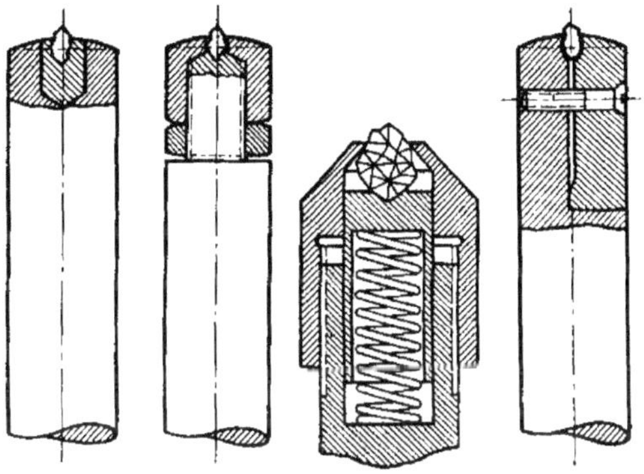

Fig. 31. Fig. 32. Fig. 33. Fig. 34.
Fig. 31÷34. Befestigung des Abrichtdiamanten.

Die Befestigung des Diamanten erfolgt nach den Figg. 31 bis 34, meist durch Einlegen in eine Bohrung des aus Kupfer, Messing oder Stahl bestehenden Haltedorns und Ausgießen mit Zink oder Hartlot oder durch Ausstemmen mit Kupfer, Messing, Monelmetall oder weichem Stahl. (Fig. 31.) (Dies kann bei hoher Temperatur erfolgen und erfordert große Übung. Das Lot muß übrigens früher als der Diamant eingebracht werden, sonst fließt es nicht in den Hohlraum). Beim Ausgießen mit Weichlot liegt die Gefahr vor, daß dieses bei überstarkem Andrücken beim Abrichten weich wird, beim Ausstemmen kann der Diamant durch einen Fehlhieb zertrümmert werden. Auch ist es schwierig, den stumpf gewordenen Diamanten so zu drehen, daß eine neue Schneidkante zum Schnitt gelangt. Nach Fig. 32 erfolgt die Befestigung durch eine Überwurfmutter. Durch etwas Asbest oder eine Feder (Fig. 33) läßt sich das hintere Ende des Diamant polstern, so daß Stöße unschädlich bleiben. Die Konstruktion nach Fig. 34 verwendet eine Spannklaue. Die drei letzteren Ausführungen gestatten ein bequemes Verdrehen und Umkehren des stumpf gewordenen Diamanten, sie sind aber nicht so sicher wie die obigen Verfahren. Der Diamant muß stets so eingesetzt sein, daß die Spitze nach vorn steht, damit die Beanspruchung nicht parallel zu den Kristallflächen erfolgt. Eine stumpfe Diamantkante darf nicht weiter benutzt werden, sie macht die Scheibe nur noch stumpfer, falls man nicht gerade beim Schlichten der Scheibe ihre äußerste Schärfe absichtlich nehmen will (vgl. S. 30). Rundum abgenutzte Diamanten sind nicht wertlos, sondern werden wieder angekauft. Bei sorgfältiger Behandlung kann ein Diamant jahrelang benutzt werden.

Die Diamanthalter werden rund und vierkantig ausgeführt, letztere Form gestattet ein festes Einspannen, runde Halter sind aber zweckmäßiger, da sie ein bequemes Drehen des Halters um seine Achse gestatten, sobald der Diamant auf einer Seite des Vorderteils stumpf ist. Zweckmäßig ist es, den Diamanten nicht direkt im Halter, sondern in einem in diesem steckenden, auswechselbaren Haltedorn mit kegeligem Schaft zu befestigen. Der Halter wird so auf der Maschine befestigt, daß er möglichst kurz gefaßt wird und sich nicht durchbiegen kann. Damit durch Drehen des Halters neue Diamantkanten in Wirkung treten, muß der Halter so stehen, daß seine verlängerte Achse nicht durch den Mittelpunkt der Scheibe, sondern etwa 30 mm unterhalb derselben vorbeigeht; der Diamant schneidet dann auch ruhiger. Es gibt auch Halter mit exzentrischer Lagerung des Diamanten.

Die konstruktiven Einzelheiten der Abrichtapparate sollen hier nicht erörtert werden. Die zum Abrichten von Profilscheiben dienenden Apparate finden sich auf S. 47—48 beschrieben.

J. Scheibenschutz.

Die Schleifscheiben der neuzeitlichen Rund- und Universalschleifmaschinen sind stets durch starke Schmiedestahl- oder Stahlgußhauben derartig geschützt, daß ein durch irgend einen Zufall veranlaßter Scheibenbruch gefahrlos bleibt. Zwischen dem an der Arbeitsstelle frei herausragenden Scheibenstück und der Schutzhaube darf nur wenig Spielraum vorhanden sein, damit kein gefährlicher Fremdkörper zwischen beide gelangen kann. Feste Hauben müssen vorn ein Scharnierstück tragen, das nach Maßgabe der Scheibenabnutzung nachgestellt wird, so daß es immer dicht vor der Scheibe mündet; dadurch wird Abspritzen von Wasser vermieden. Schmiedeeiserne vernietete Hauben sehen häßlich aus. Gußeiserne Hauben sind unzuverlässig. Handschleifmaschinen sind gleichfalls nach Möglichkeit durch Stahlgußhauben zu schützen. An deren Stelle kann auch ein um die Scheibe in gehörigem Abstand gelegtes Stahlband treten, das durch radiale verstellbare Arme gehalten wird; auch gibt es aus einzelnen Gliedern bestehende Schutzhauben, die wie richtige Kettenglieder ausgebildet sein können. Die Vereinigten Schmirgel- und Maschinen-Fabriken Hannover-Hainholz schützen die Scheibe durch mehrere übereinander gelegte gewellte Stahlbänder von 1 : $1^1/_2$ mm Dicke, die sich der durch Abnutzung kleiner gewordenen Scheibe leicht anschmiegen lassen.

Leider lassen sich nicht alle Schleifmaschinenarten mit so guten Schutzvorrichtungen versehen, und man soll deshalb zum mindesten beim Ausprobieren neuer Scheiben vorsichtig zu Werke gehen. Niemals dürfen vorhandene Schutzeinrichtungen abgenommen werden.

IV. Besondere Schleifregeln für die einzelnen Schleifverfahren.

A. Rundschleifen.

Vorbereitung der Werkstücke: Ehe die Arbeitsstücke auf die Rundschleifmaschine kommen, sollen alle Bohr-, Stoß-, Fräs- und Nutarbeiten bereits vorgenommen sein.

Gehärtete Stücke müssen sorgfältig von Spannungen befreit und, falls erforderlich, in angewärmtem Zustande (Wassertropfen muß zischen!) gerade gerichtet werden. Ein Hämmern in kaltem Zustande kann, sobald die oberste Schicht abgeschliffen ist, oder sobald später eine Erwärmung stattfindet, zum nachträglichen Verziehen führen. Zweckmäßig ist ein sorgfältiges Ausglühen nach dem Drehen.

Die Materialzugabe hängt von der Art des Werkstücks (Material, Länge und Durchmesser, Art der Vorbearbeitung) und der Schwere der Schleifmaschine ab. Je nach den Umständen dreht man mehr oder weniger sauber vor. Wenn angängig, spare man das Schlichten, da gerade in dem kräftigen, groben Vorschruppen auf der Drehbank (bis etwa 2,5 mm Vorschub) der Hauptvorteil der Rundschleiferei liegt. Allerdings vermeide man ein Verziehen, da das Richten eine teuere Handarbeit darstellt; deshalb drehe man lange Arbeitsstücke mit verhältnismäßig kleinem Vorschub. Eine genaue Angabe und Einhaltung der Zugabe erfolgt meist nicht; man hält sich in den Grenzen von 0,2 und (äußerst!) 1 mm im Durchmesser und schätzt den Zwischenwert je nach den Umständen ab. Bei der Bestimmung der Zugaben sind Ungenauigkeiten der Werkstücke im Durchmesser und in der Achsenrichtung (Durchbiegung!), etwaige Rundlauffehler der Maschine usw. zu berücksichtigen, desgleichen die gröbere Vorbearbeitung der größeren Werkstücke. Jedenfalls wachsen die Zugaben mit dem Durchmesser und der Länge.

Die Landis Tool Co. gibt die in Fig. 35 dargestellte Tafel für die Zugaben heraus (in mm umgerechnet und abgerundet).

Bei sehr grobem Schruppvorschub wähle man die Zugaben nicht zu klein, sonst verschwinden die Vorschubmarken vom Drehen her nicht beim Schleifen. Wellen, die über 10 D lang sind, werden beim Vordrehen leicht unrund und müssen deshalb eine größere Zugabe erhalten als das Schaubild angibt. Andererseits ist zu bedenken, daß eine schlagende Welle nur durch Richten, nicht durch Schleifen gerade werden kann, und daß lange Wellen sich um so leichter verziehen können, je mehr Material abzuschleifen ist.

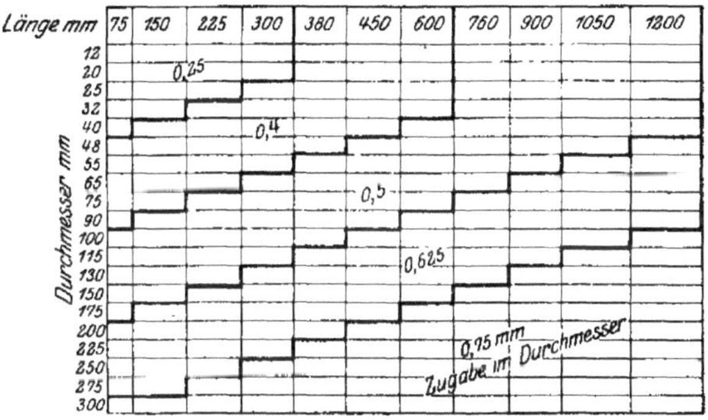

Fig. 35. Materialzugaben für das Rundschleifen.

Als Toleranz der angegebenen Werte kann man mit etwa − 0,1 bis − 0,2 (für mittlere Durchmesser und Längen) rechnen.

Stücke, die erst nach dem Härten geschliffen werden, erhalten kleinere Zugaben und sind sauberer vorzudrehen als weich geschliffene. Bei im Einsatz gehärteten Teilen ist darauf zu achten, daß das Abschleifen der gekohlten Rinde sicher vermieden wird. Bei Teilen, die sich zu verziehen pflegen, und bei sperrigen Werkstücken, z. B. Kurbelwellen, muß man mit der Zugabe etwas höher gehen (bis etwa 1 mm im Durchmesser), da sonst das Ausrichten in den Mitnehmern zu viel Zeit erfordert.

Abrundungen vermeide man nach Möglichkeit und spare das Material an den betreffenden Stellen, ungefähr 3 ÷ 5 mm breit und etwa 0,1 mm unter Fertigmaß, aus, um die Scheibe frei auslaufen lassen zu können und Zeit zum Hubwechsel zu haben. Dort wo Abrundungen nicht zu vermeiden sind (Eisenbahnachsen, Kurbelwellen), müssen die Scheibenkanten mit einem entsprechend ausgebildeten Abrichtapparat abgerundet werden.

Wellennuten fülle man, falls die an den ungenuteten Stellen angesetzten Lünetten nicht ausreichen, vor dem Rundschleifen der Welle durch hineingeschlagene trockene Hartholzlatten aus. Das ist besonders bei solchen Lünetten notwendig, deren Backen nur eine Linienanlage besitzen.

Unbearbeitete Guß- und Schmiedestücke lassen sich auf Rundschleifmaschinen zwar ohne weiteres bearbeiten, jedoch ist dieses Verfahren unwirtschaftlich, und es liegt außer der Gefahr, daß die Scheibe durch den Zunder verschmiert, auch die einer Beschädigung der Lünettenbacken vor, so daß sich für gewöhnlich ein Vordrehen empfiehlt.

Aufnahme der Werkstücke. Wenn irgend angängig, schleife man zwischen toten Spitzen; das ist die genaueste Arbeitsweise. Die Mitnahme erfolgt gewöhnlich durch aufgesetzte doppelseitige Mitnehmerringe. Bei solchen Stücken, bei denen ein Körner nicht ohne weiteres anzubringen ist, z. B. bei Massenteilen, die von der Revolverdrehbank kommen, genügt, falls nur leicht geschliffen wird, ein kurzer angedrehter Konus und ein entsprechender, diesen mitnehmender Hohlkegel. Ähnlich kann man auch Geschosse mitnehmen. Hohlkörper unmittelbar zwischen die Spitzen der Schleifmaschine zu spannen, ist nicht ratsam, da hierdurch ein Aufweiten der Bohrungsmündungen und ein Fressen der Spitzen eintreten kann. Unter Umständen hilft man sich durch eine mitlaufende, gut gelagerte und in achsialer Richtung durch ein Kugellager gesicherte Hilfsspitze. Kurze Hohlkörper mit kegeliger Bohrung können direkt auf einen entsprechenden Konusdorn aufgesteckt werden, wobei aber zu beachten ist, daß die Stücke nicht zu fest aufgetrieben werden dürfen. Von großer Wichtigkeit ist es, das Werkstück stets durch eine genügend große Anzahl zweckmäßig ausgebildeter Lünetten abzustützen. Geschieht das nicht, so ist an eine wirtschaftliche Ausnutzung der schweren modernen Rundschleifmaschinen nicht zu denken. Man darf deshalb auch keine stärkeren Werkstücke auf einem bestimmten Maschinenmodell aufnehmen, als der Lieferant als Maß des größten Lünettendurchmessers angibt. Die Maschinen nehmen zwar bedeutend stärkere Stücke auf, das soll aber nur geschehen, wenn es sich um leichte d. h. vor allem hohle Stücke handelt, die man durch einfache Sonderlünetten (Holzklötze) abstützen kann, oder wenn der große Durchmesser sich nur auf ein kurzes Stück erstreckt, und rechts und links davon die Universallünetten angesetzt werden können.

Wichtig ist, daß alle Lünetten an genau rund laufenden Stellen angesetzt werden, die man oft erst anschleifen muß; ferner, daß alle Lünetten gleichmäßig angedrückt werden, was am Schleifton erkannt werden kann.

Über die Anzahl der für normale Arbeiten zweckmäßig angesetzten Lünetten gibt folgende Tafel Auskunft [1]):

Durchmesser des Werkstücks in mm	Länge des Werkstücks in mm										
	150	300	450	600	750	900	1050	1200	1500	1800	2100
12—19	1	2	3	4	5	7	8	—	—	—	—
20—25	—	1	2	3	4	5	6	7	—	—	—
26—35	—	1	2	2	3	4	5	5	7	—	—
35—49	—	1	1	2	2	3	4	4	5	7	—
50—60	—	—	1	1	2	2	3	3	4	5	6
61—75	—	—	1	1	2	2	2	3	4	5	5
76—100	—	—	1	1	1	2	2	2	3	4	5
101—125	—	—	—	1	1	1	2	2	3	3	4
126—150	—	—	—	1	1	1	1	2	2	3	3
151—200	—	—	—	—	1	1	1	1	2	2	3
201—250	—	—	—	—	—	1	1	1	1	2	2
251—300	—	—	—	—	—	—	1	1	1	1	2

Als Regel wird auch wohl angegeben, daß der Lünettenabstand $= 10 \times$ Wellendurchmesser, und der Abstand der äußeren Lünetten von den Spitzen etwa 300 mm betragen soll.

[1]) Nach „Werkstattstechnik" 1918, auf Grund einer Veröffentlichung von „Machinery" umgerechnet.

Die Zentrierlöcher sollen groß, genau rund und sauber sein, und die Schleifmaschine muß die gleichen Spitzenwinkel besitzen wie die betreffenden Drehbänke. Man öle die Spitzen gut, um ein Fressen zu vermeiden; bei schweren Stücken nimmt man hierzu am besten ein Gemisch aus Mennige und Lardöl. Nach dem Härten sind die Zentrierlöcher sorgfältig zu reinigen. Die Spitzen der Schleifmaschine sollen rechtzeitig nachgeschliffen werden, da tote Spitzen auf die Dauer ihre runde Form verlieren.

Beim Schleifen lockere man dann und wann die federnde Reitstockpinole, damit sich erwärmte Werkstücke ausdehnen können.

Die Schleifscheibenkanten können zur Verringerung der Abnutzung durch das bei jedem Hub erfolgende neue Ansetzen und die dadurch bewirkte starke Beanspruchung auf eine Länge von etwa 5 ÷ 10 mm (je nach Breite), und eine Tiefe von 0,5 ÷ 1 mm abgeschrägt werden.

Unrunde Stellen sind mit geringer Spantiefe abzuschleifen, damit keine einseitige Erwärmung stattfindet.

Die Zustellung der Scheibe erfolgt gewöhnlich in der Überlaufstellung, d. h. bei glatten Stücken an beiden Hubenden, bei Stücken mit Bunden nur am freien Ende; es wird aber auch im Gegensatz hierzu nur am Bundende zugestellt, damit sich die Scheibe auf der Bundseite nicht mehr abnutzt als in der Mitte, wodurch die Wellen vor dem Bunde zu stark ausfallen würden.

Rattermarken. Die beim Rundschleifen häufig auftretenden schraubenförmigen, streifenförmigen oder unregelmäßigen Flecken auf der Oberfläche der geschliffenen Werkstücke können die verschiedensten Ursachen haben. Gewöhnlich glaubt man, die Maschine oder einzelne ihrer Teile (besonders die Schleifspindel) seien zu schwach, die Maschine unrichtig aufgestellt, die Schleifscheibe oder ein anderes umlaufendes Teil schlecht ausgewuchtet, der Riemen ungleich stark oder schlecht geleimt, die Zahnräder nicht richtig geformt usw. Alle diese Dinge können aber in Ordnung sein, und trotzdem können Rattermarken auftreten. Es kommt auch vor, daß sich bei schweren Werkstücken der Mitnehmer verbiegt, daß das Werkstück selbst nicht ausbalanziert ist (z. B. Kurbelwellen), oder daß der Winkel der Lünettenbacken zu spitz ist. Auf alle Fälle müssen die Zentrierlöcher groß sein, das Werkstück muß durch Lünetten gut abgestützt werden, die Schleifscheibe frei schneiden (sie darf nicht zu hart sein), und das Verhältnis zwischen Werkstück und Scheibengeschwindigkeit richtig sein. Es kommt vor, daß eine Scheibe bei kleinem Werkstückdurchmesser ruhig arbeitet, bei großem dagegen rattert. Übrigens neigen schwere Werkstücke von großem Durchmesser eher zum Rattern als leichte und dünne; man kann deshalb Rohre mit höherer Geschwindigkeit laufen lassen, als volle Wellen (vgl. S. 28). Vielleicht können auch durch ruckweise Reibungswirkungen und elastische Schwingungen innerhalb des Materials Rattermarken entstehen. Ist alles Andere in Ordnung, so versuche man durch Verringerung der Längs- und Tiefenvorschübe, der Spantiefe und der Werkstückgeschwindigkeit der Rattermarken Herr zu werden.

Formschleifen. Auf der Rundschleifmaschine können sowohl Stirnkurven als auch Drehkörper mit geschweifter oder gekrümmter Seitenlinie geschliffen werden. Stirnkurven kommen z. B. an Steuernocken von Verbrennungsmaschinen, besonders Auto- und Flugzeugmotoren vor. Diese werden nach dem Härten entweder auf Sondermaschinen oder entsprechend eingerichteten Rundschleifmaschinen in einem Schwingrahmen nach einer mitumlaufenden Schablone mit Rollenführung geschliffen. Der letztere Aufbau ähnelt der Konstruktion einer Kopierfräsmaschine. Die Führungskurven werden unter Benutzung eines Musternockens mit einem besonderen kleinen auf die Maschine gesetzten Schleifsupport und unter Umkehrung des späteren Kopiervorganges (eine kleine Schleifscheibe wird an die Stelle der Kopierrolle, ein Kopierdaumen an die Stelle der Schleifscheibe aufgesetzt) angefertigt. Einzelne Kurvenscheiben und Nocken (z. B. für Dieselmaschinen) werden auf den Dorn gespannt. Nockenwellen mit angeschmiedeten Daumen werden zwischen Spitzen genommen. Es sind schon Wellen mit 48 angeschmiedeten Steuernocken, und Einzelnocken bis 450 mm Durchmesser geschliffen worden. Nocken mit konkaven Stellen müssen auf Sondermaschinen mit kleinen Scheiben geschliffen werden, da die große Schleifscheibe von Rundschleifmaschinen nicht in die Einbuchtungen eindringen könnte. Übrigens kann man Wellen mit angeschmiedeten Nocken auch auf lotrechtspindligen Flachschleifmaschinen mit der Ringscheibe und einer ähnlichen Kopiereinrichtung wie oben beschrieben schleifen.

Geschweifte Teile, z. B. Jagdgewehrläufe, werden mit schwingendem Obertisch geschliffen; der Tisch dreht sich um einen lotrechten Mittelzapfen, trägt an seinem einen Ende eine Rolle, die auf einem am Maschinenkörper befestigten Formlineal abläuft, und am anderen Ende eine kräftige Schraubenfeder, die für dauernde Anlage zwischen Rolle und Formlineal sorgt.

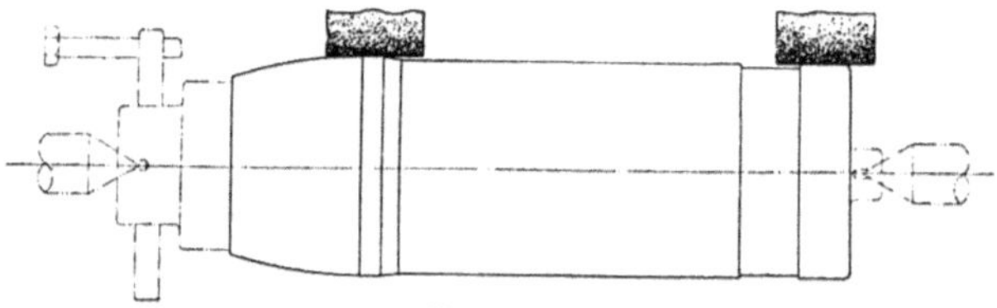

Fig. 36.

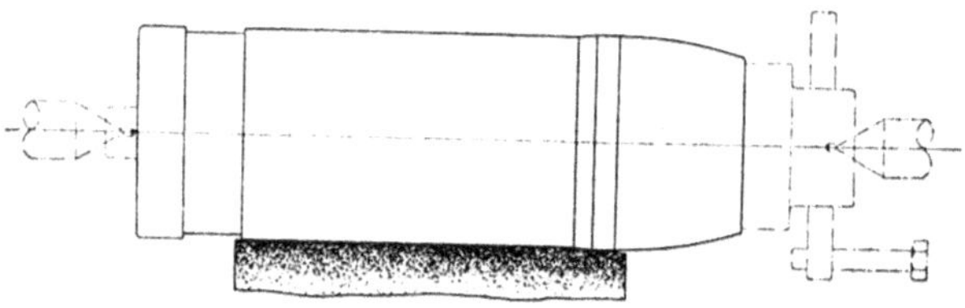

Fig. 37.

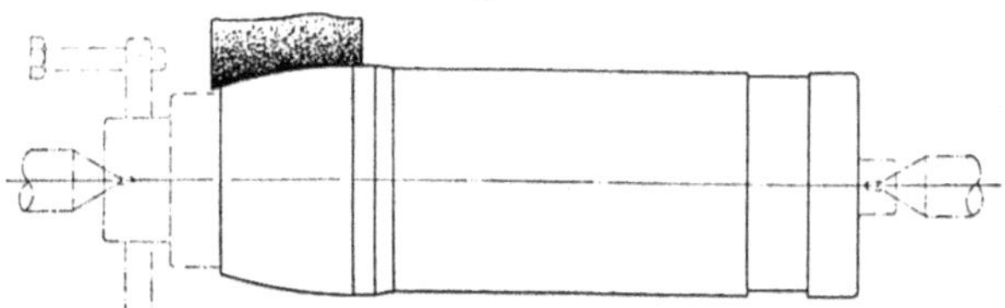

Fig. 38.

Fig. 36÷38. Formschleifen durch Querverschub der Scheibe.

Stärker gekrümmte Teile, z. B. Granatenköpfe, schleift man, soweit es sich um große Abmessungen und Kreisbögen handelt, auf Sondermaschinen, deren Schleifsupport mittels Zahnradsegments oder Lenkstange selbsttätig im Kreisbogen hin- und hergeschwenkt wird. Kleinere Teile von beliebiger Bogenform dagegen schleift man durch einfaches Quervorschieben der entsprechend geformten Schleifscheibe, d. h. nur mit Tiefenvorschub ohne Längsvorschub (vgl. Figg. 36 : 38). Dieses Verfahren ist billiger als das Führen von schmalen zylindrischen Scheiben mittels Schablone; es hat sich für die verschiedensten Formteile sehr eingebürgert und läßt sich auch für zylindrische Teile (z. B. Ansätze) und Kegel (z. B. Spiralbohrerschäfte) verwenden (in der Steinbearbeitung kennt man das Schleifen mit Profilscheibe schon länger.) Es wurden bis vor kurzem nur Einstiche bis 125 mm Breite gemacht; darüber hinaus war es schwer, gebrannte Scheiben mit gleichmäßiger Härte zu erhalten. Neuerdings werden aber gute Scheiben bis 300 mm Breite hergestellt, und Formschliffe bis 250 mm Breite werden glatt bewältigt. Dabei wird aber der auf das Werkstück ausgeübte Querdruck sehr groß, und die Maschinen müssen sehr schwer sein. Sowohl bei zylindrischen wie bei gekrümmten Teilen besteht der Vorteil des Verfahrens in der hohen Arbeitsgeschwindigkeit. Der Unterschied zwischen dem größten und dem kleinsten Durchmesser der Fasson soll nicht mehr als etwa 50 mm betragen, da sonst

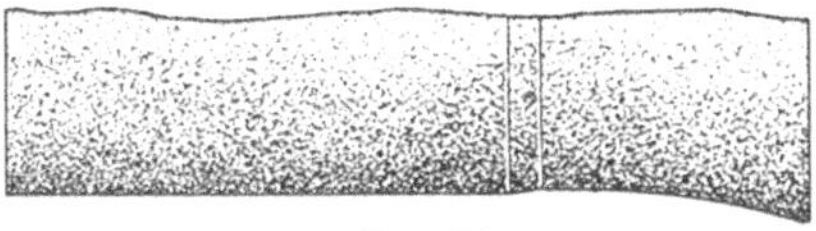

Fig. 39.

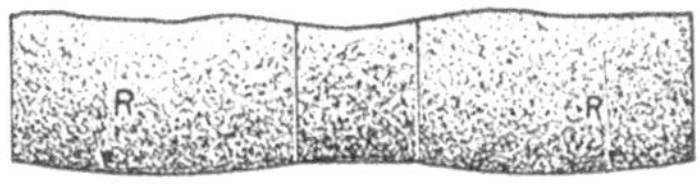

Fig. 40.

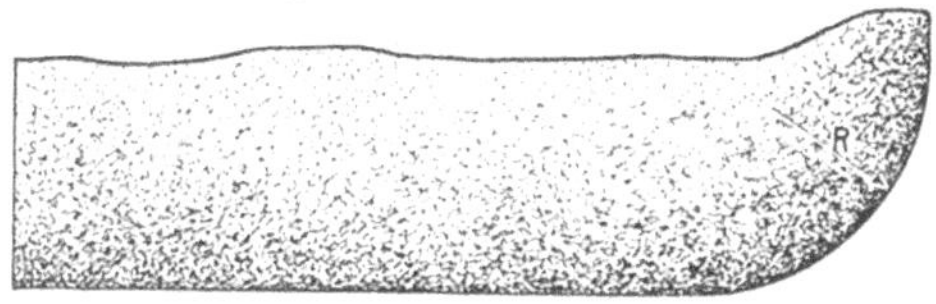

Fig. 41.

Fig. 42.

Fig. 39÷42. Profilscheiben zum Formschleifen auf der Rundschleifmaschine.

zu große Durchmesserunterschiede der Scheibe und zu starke Abweichungen in ihrer Schnittwirkung an den einzelnen Stellen vorhanden sind. Scharfe Ecken dürfen nicht vorkommen, sonst nutzen sich die Scheibenkanten zu rasch ab. Die Scheibe sei verhältnismäßig hart. Der Tiefenvorschub soll möglichst selbsttätig erfolgen, verschiedene Maschinen sind in den letzten Jahren mit entsprechender Einrichtung ausgestattet worden.

Das Formschleifen mit reiner Tiefenschaltung wurde zuerst für Kurbelwellenzapfen eingeführt, deren Schleifen deshalb von besonderer Bedeutung ist, weil diese schwierigen Werkstücke auf der Drehbank nicht wirtschaftlich rasch laufen können, ohne ihre Form zu verändern, und die vorhandenen Spannungen sich beim Drehen von Zapfen zu Zapfen ausgleichen, so daß Formänderungen eintreten. Beim Schleifen erfolgt der Spannungsausgleich allmählicher. Andererseits ist das normale Rundschleifen unwirtschaftlich, weil die Zapfen kurz sind, und das häufige Hin- und Herschalten der Schleifscheibe bzw des Werktisches umständlich ist. Man ging deshalb dazu über, die Zapfen auf volle Länge durch einfaches Einstechen mit der Scheibe fertig zu schleifen, und zwar einschließlich der Rundungen, zu welchem Zwecke schwenkbare Abrichtapparate benutzt werden, deren Diamanthalter eine genaue Viertelkreisschwenkung ausführt. (Ähnliche Abrichtapparate benutzt man für die etwa 100 mm breiten Scheiben zum Schleifen der Eisenbahnachsschenkel.) Notwendig ist dabei, daß die Rundungen nicht gleich in die Schenkelflächen übergehen, sondern geschultert sind. Die Kurbelwellen werden in Mitnehmern aufgenommen, die am besten für die verschiedenen Hubgrößen einstellbar sind, und die den einzelnen Kröpfungen entsprechend geschaltet werden können. Der Antrieb erfolgt bei langen Wellen zweckmäßig auf beiden Seiten, da bei einseitigem Antrieb Verdrehungen unvermeidlich sind Man hat auch schon Kurbelwellen, ohne sie vorzudrehen, gleich aus dem Schmiedestück herausgeschliffen; das Abschleifen so großer Materialmengen (etwa 3 mm im Durchmesser) ist aber unwirtschaftlich (vgl. S. 43 unten).

Fig. 43. Abrichtapparat für konkave Scheiben.

Übrigens ist das Schleifen von Kurbelwellen stets eine mit großer Sorgfalt auszuführende Arbeit, da infolge der exzentrischen Schenkel Neigung zum Unrundschleifen besteht.

Während des Krieges hat das Formschleifen von Geschoßhüllen eine große Entwicklung genommen. Die Norton Grinding Co. baute hierzu einfache Sondermaschinen, welche keinen Längsvorschub besitzen und Scheiben von 505 mm Durchmesser und 190 mm Breite aufnehmen können. Die Materialzugabe der vorgedrehten Stücke war sehr groß (1,5÷3,8 mm im Durchmesser), außerdem waren sie zum Teil exzentrisch. Die Geschosse wurden je nach Vorschrift blank oder rauh (zum Aufbringen der Farbe) geschliffen. Figg. 39÷42 zeigen eine ganze Reihe von Norton-Scheiben mit den verschiedenartigsten Formen, Fig. 43 stellt einen Abrichtapparat dar, der die Scheibe konkav ausarbeitet. Handelt es sich um rohe Formen, z. B. um Konkavscheiben zum Balligschleifen von Riemenscheiben, so genügt ein Abrichtapparat wie in Fig. 44. Derselbe führt den Diamanten windschief zur Spindelrichtung über die Scheibe und erzeugt damit einen Hyperbelbogen, der für den vorliegenden Zweck eine hinreichend genaue Annäherung an den Kreisbogen darstellt. — Zu beachten ist, daß geformte Scheiben

Fig. 44. Abrichtapparat für das Balligschleifen von Riemenscheiben.

Fig. 45. Das Schleifen von Keilnutenwellen.

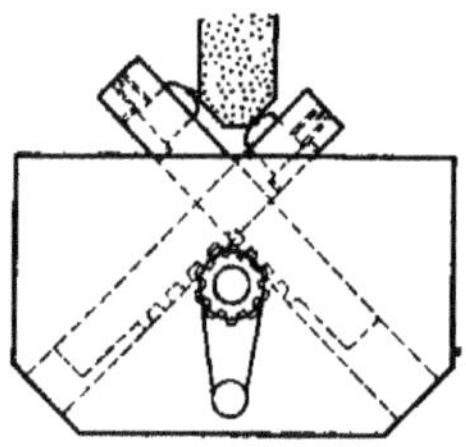

Fig. 46. Abrichtapparat für die Scheibe zum Schleifen von Keilnutenwellen.

häufiger abgerichtet werden müssen als einfache Flachscheiben. Da beim Formschleifen in einer Sitzung geschruppt und geschlichtet wird, so empfiehlt sich die Verwendung von Verbundschleifscheiben, damit das Scheibenprofil möglichst lange erhalten bleibt. Für das Schleifen von Kurbelwellen gilt das nicht.

Zwar nicht zu den Rundschleifmaschinen, aber zum Formschleifen gehört das Schleifen von Keilnutenwellen. Diese gehärteten Fassonwellen für Automobilgetriebekästen werden nach dem Härten auf Flachschleifmaschinen mit hin- und hergehendem Tisch geschliffen, und zwar vielfach mittels einer Fassonschleifscheibe, welche die Seitenflächen zweier Vierkante und die dazwischen liegende Rundfläche gleichzeitig angreift (Fig. 45). Der Abrichtapparat für die Profilscheibe arbeitet mit zwei schräggeführten Diamanten für die Flankenform, die durch einen gemeinsamen Handgriff bewegt werden (Fig. 46), während der mittlere Teil des Profils, die Höhlung, durch einen mittels Handgriffs im Kreisbogen schwenkbaren Diamanten abgerichtet wird. Das Abrichten erfolgt nach je 10÷20 Schliffen. Es ist zweckmäßig, hierbei Schleifscheiben zu verwenden, die in der Mitte weich und grobkörnig, an den Seiten hart und feinkörnig sind. Von anderer Seite wird die komplizierte Fassonscheibe dadurch umgangen, daß man zunächst die beiden Seitenflanken jedes Vierkants mit einer einfachen Flachscheibe eben und dann die runden Köpfe der Vierkante mit einer Formscheibe konvex schleift, während der Wellenumfang 0,2÷0,3 mm Spielraum erhält und ungeschliffen bleibt.

B. Innenschleifen.

Während man bis vor etwa 15 Jahren nur Bohrungen in gehärtetem Stahl auszuschleifen pflegte, haben die seitdem auf den Markt gebrachten leistungsfähigen Innenschleifmaschinen mit rasch laufenden, gut gelagerten Schleifspindeln auch ein vorteilhaftes Innenschleifen von weichem Stahl, Gußeisen und Bronze möglich gemacht.

Geglühte Stahlteile bläst man vor dem Innenschleifen zweckmäßig im Sandstrahl ab, dadurch spart man Schleifzeit und Schleifscheiben.

Die Schleifscheibe. Zum Innenschleifen benutzt man, wie bereits weiter oben angeführt, verhältnismäßig weiche und grobe Schleifscheiben. Eine solche Scheibe macht nicht ganz so glatte Schleifflächen wie eine harte feinkörnige Scheibe, sie arbeitet aber rascher und genauer; besonders wenn viel Material abzunehmen, und der Zylinder dünnwandig ist, sind weiche Scheiben vorzuziehen. Auch ganz kleine Scheiben, die man unmöglich mit der wirtschaftlichen Umfangsgeschwindigkeit laufen lassen kann, müssen weich sein. Unterbrochene Zylinderwände (Zweitaktmotoren) verlangen harte Scheiben. Der Scheibendurchmesser soll im Verhältnis zum Durchmesser der Bohrung möglichst klein sein, sonst wird der Berührungsbogen und damit die Arbeitswärme zu groß. Zu kleine Scheiben sind aber unzweckmäßig, da sie zu dünne Spindeln verlangen. Ein festes Verhältnis läßt sich nicht angeben; empfohlen wird aber für Bohrungen bis 150 mm Durchmesser ein Scheibendurchmesser von 0,6 ÷ 0,9 × Lochdurchmesser. Bei Lochdurchmessern oberhalb von etwa 200 mm ist die Lochweite weniger maßgebend als die Tiefe der Bohrung und die Stärke der vorhandenen Schleifspindeln. Bohrungen unterhalb etwa 6 mm im Durchmesser schleift man gewöhnlich nicht mehr mit Schleifscheibchen, sondern mit Metalldornen aus (vgl. „Feinschleifen" S. 52). Neuerdings gibt es aber so dünne Schleifstiftchen, daß man noch Löcher von 2 mm Durchmesser und 15 mm Länge ausschleifen kann. Die Scheibenbreite beträgt für 12 ÷ 75 mm Durchmesser vorteilhaft etwa 8,12 und 19, darüber 25 ÷ 50 mm. Große Scheibenbreiten haben nur Zweck, wenn große Tischgeschwindigkeiten (Längsvorschübe) vorhanden sind, um sie ausnutzen zu können.

Die Arbeitsweise. Der Längsvorschub beträgt beim Schruppen etwa $^1/_2 \div ^3/_4$ der Scheibenbreite; das größere Maß gilt für geringe Materialabnahme. Ist viel Material abzunehmen, so arbeite man mit großer Spantiefe. Da die vordere Kante der Schleifscheibe besonders stark abgenutzt wird, so muß man die Scheibe nach einer gewissen Zeit auf ihrer Spindel umkehren; aus dem gleichen Grunde stellt man vorteilhaft auch am hinteren Hubende zu. Des Federns der Spindel wegen arbeitet man meist mit Handvorschub; bei Planetenschleifmaschinen dagegen wird wohl meist mit selbsttätiger Spanzustellung geschliffen. Beim Schlichten ergeben grobe Längsvorschübe und kleine Spantiefen saubere Flächen. Die Scheibe soll beim Innenschleifen nur um $^1/_3$ bis höchstens $^1/_2$ ihrer Breite aus der Bohrung austreten, damit die Spindel nicht nachfedert, die Scheibe nicht abgeschert wird, und die Lochmündung keine Vorweite erhält. Voll heraustreten lasse man die Scheibe nur zum Messen.

Wenn mit Wasser geschliffen wird, so führt man das Wasser durch die Arbeitsspindel zu, oder man bringt ein Rohr an, wie in Fig. 48 dargestellt, das mit einem Draht am Vorderlager befestigt ist und sich dem Umfang der Schleifscheibe gut anpaßt; das Rohr mündet möglichst dicht an der Schleifstelle. Im übrigen vgl. S. 35 hinsichtlich des Naßschleifens.

Die Materialzugabe. Für die beim Innenschleifen zweckmäßigen Materialzugaben gibt die „Werkstattstechnik" 1918 nach „Machinery" für alle Materialien gültige Werte an, die abgerundet das in Fig. 47 dargestellte Schaubild ergeben.

Bei kleinen Motorzylindern beträgt die Materialzugabe etwa 0,2 ÷ 0,25 mm, bei größeren 0,4 ÷ 0,5 mm im Durchmesser. Größere Zugaben erfordern zu lange Schleifzeit, kleinere übermäßig genaue Vorbearbeitung durch Ausbohren und Reiben. Wird vorgeschliffen, so bleiben etwa 0,05 ÷ 0,08 mm im Durchmesser für das Fertigschleifen stehen (also etwa so viel, wie man bei kleineren Bohrungen, bis etwa zu 75 mm ∅, auch zum Fertigreiben stehen läßt). Auf alle Fälle ist es wirtschaftlicher, genau vorzubohren und vorzureiben, als starke Zugaben für das Schleifen stehen zu lassen.

Das Aufspannen. Sehr wichtig ist das richtige Aufspannen der auszuschleifenden Arbeitsstücke, besonders wenn es sich um schwierige Formen, Zahnräder, dünnwandige Rohrstücke usw. handelt. Je genauer die Einspannung, um so geringer kann die Materialzugabe sein. Vielfach verwendet man Patronenfutter mit Anzug durch Innenziehdorn oder äußere Überwurfmutter. Zahnräder zentriert man am Umfang oder durch runde Zentrierstifte zwischen den Zähnen, die im Teilkreis berühren. Rohrstücke werden besser zuerst innen, dann außen geschliffen anstatt umgekehrt, da dann die zweite Aufspannung einfacher und genauer bewerkstelligt werden kann. Außerdem sollen sich solche Teile weniger leicht verziehen, wenn sie zuerst innen geschliffen werden. Die Festspannung derartiger Rohrstücke erfolgt am besten zwischen den Stirnflächen.

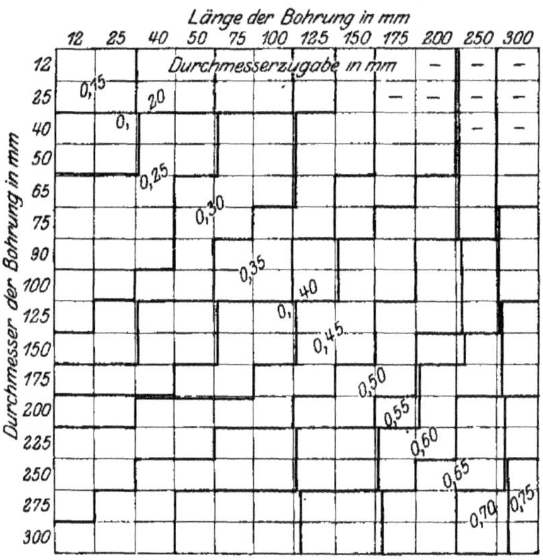

Fig. 47. Materialzugaben für das Innenschleifen.

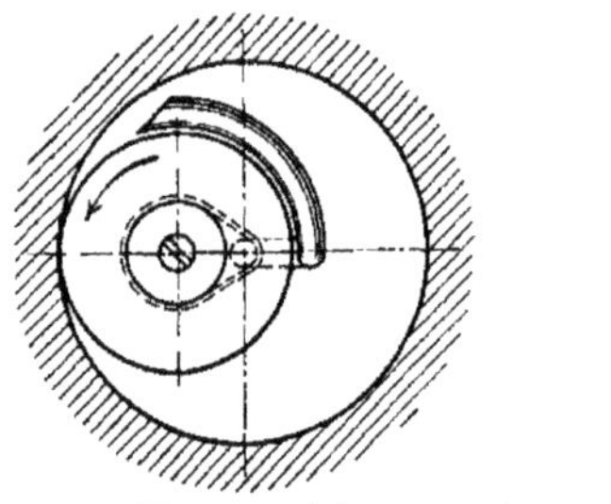

Fig. 48. Wasserzuführungsrohr beim Innenschleifen.

Anwendung. Die Innenschleiferei ist besonders für die Zylinder von Verbrennungsmotoren (Auto- und Flugzeugzylinder) von großer Bedeutung geworden. Die Zylinder werden ausgebohrt, auch wohl noch gerieben und dann geschliffen. Viele Werkstätten halten aber auch heute noch das Fertigreiben (eventuell mit nachfolgendem Ausschmirgeln) für vorteilhafter, insbesondere für zeitsparend. Dabei wird allerdings gewöhnlich die Zeit für das Schleifen der Reibahlen nicht mit in Betracht gezogen. Die Vorteile des Schleifens sind: der Arbeitsdruck ist bedeutend geringer als beim Reiben, dünnwandige Zylinder können deshalb nicht durchfedern; über etwaige Kanalmündungen und sonstige Öffnungen gleitet die Schleifscheibe glatt hinweg, Messer und Reibahle können dagegen einhaken; ebenso biegt sich die Schleifspindel durch harte oder weiche Gußstellen nicht so weit durch wie die Bohrstange; für geschliffene Zylinder kann man deshalb ein härteres Gußeisen verwenden als für geriebene; die Schleifscheibe ist leichter scharf und rund zu halten als die Reibahle, stumpfe Reibahlen aber reiben zu weit und dazu kegelig oder unrund. Manche Fachleute ziehen übrigens trotz alledem geriebene und fertig gewalzte Zylinder vor. Allgemein kann man sagen, daß die Bauart des Zylinders bestimmt, welches Verfahren vorzuziehen ist: schwerere Zylinder werden besser gerieben, leichte glatte Zylinder, besonders solche aus hartem Guß, geschliffen. Bei der Verwendung von Planetenschleifmaschinen, d. h. insbesondere bei Mehrzylindergußstücken, fällt der Vorteil stark ins Gewicht, daß die Werkstücke leicht ausgerichtet werden können. Verwickelte Gußstücke, z. B. Motorzylinder, schleife man zunächst vor, lasse sie dann abkühlen und schleife sie hierauf in einem besonderen Arbeitsgang fertig.

Kegelbohrungen können bis zu etwa 15 mm Durchmesser (auf der weiten Seite) hinab geschliffen werden.

C. Flachschleifen.

Die Flachschleiferei hat im letzten Jahrzehnt große Verbreitung gefunden; kein anderes Schleifverfahren hat so viele verschiedenartige Maschinen entstehen lassen. Nicht nur gehärtete Stücke werden heute fertiggeschliffen, sondern auch viele Stücke aus weichem Stahl und Gußeisen, die früher geschabt wurden. Flachschleifen ist viel billiger als Schaben, deswegen wird das Schaben aber nicht ganz überflüssig. An sperrigen Stücken und für hohe Genauigkeiten sind immer noch viele plangeschliffene Flächen fertig zu schaben, ebenso wie außen- oder innengeschliffene Zylinderflächen auch noch feingeschliffen werden müssen.

Die Gleitflächen gußeiserner Arbeitsstücke werden übrigens vom Flachschleifen oft zu glatt, um nachher die erforderliche Ölschicht aufzunehmen. Sie müssen dann nötigenfalls nach dem Schleifen noch etwas angeschabt werden, damit sich die Poren öffnen.

Kleine Flächen bearbeitet man meist einzeln mit dem Umfang der Scheibe (z. B. Kolbenringe, die parallele Stirnflächen besitzen müssen, um sich in den Zylindernuten gut zu führen), und zwar erhält man hierbei auf Rundlaufmaschinen konzentrischen Schliff, was für manche Zwecke erwünscht ist. Größere Flächen schleift man mit Ring- oder Topfscheiben. Hierbei tritt der große Vorzug dieser Scheiben, auch nach Abnutzung mit gleichbleibender Geschwindigkeit zu arbeiten, voll in die Erscheinung. Dazu kommt hier der Vorteil, daß die Scheiben zwar die ganze Breite der meisten Werkstücke bestreichen, trotzdem aber nur eine verhältnismäßig kleine Ringfläche berühren, so daß keine übermäßige Erwärmung auftreten kann, die besonders bei langen, schmalen Stücken Verwerfungen hervorrufen würde. Auch konkave und konvexe Flächen lassen sich auf Rundlaufmaschinen schleifen.

Dünne, mit dem elektromagnetischen Futter aufgespannte Werkstücke müssen, damit sie nicht verspannt werden, öfters auf dem Futter verschoben und nach jedem Schliff umgedreht werden.

Unbearbeitete Guß- und Schmiedestücke lassen sich auch auf wagerechtspindligen Flachschleifmaschinen mit der Stirnfläche von Ring- oder Segmentscheiben (vgl. Fig. 10) ohne weiteres bearbeiten, falls die Gußkruste nicht allzu schmutzig bzw. falls nicht zu viel Zunder vorhanden ist. Dieses Verfahren kommt vor allem für Hartguß- und Stahlgußteile in Frage, die sich nur schwer hobeln oder fräsen lassen, oder bei denen man das Beizen sparen will. Die Maschinen verlangen wegen der schweren Arbeitsweise ihres Werkzeugs eine besonders starke Einspannung der Arbeitsstücke. Das Schleifen von großen Aluminiumgußstücken auf lotrecht gelagerten Antimon- oder Gußeisenscheiben mit eingewalztem Schleifmittel (vgl. S. 11) ist durch den Automobilbau stark in Schwung gekommen. Gerade für diese Arbeitsstücke ist das Schleifen sehr vorteilhaft, da die dünnwandigen großen Getriebe- und Kurbelwellenkästen beim Hobeln und Fräsen stark federn und die Werkzeuge rasch abnutzen. Beim Flachschleifen genügt bei diesen Werkstücken der durch ihre eigene Schwere hervorgerufene Arbeitsdruck (mindestens 0,15 kg auf 1 qcm der Schleiffläche). Da die Geschwindigkeit und deshalb die Schleifwirkung am Rande der Scheibe am stärksten ist, so müssen die Schleifstücke in der Mitte der Scheibe stärker angedrückt werden als am Rande, oder sie müssen auf der Scheibe radial hin- und herbewegt werden.

Es wurde schon erwähnt, daß man wegen der Größe der Berührungsfläche zwischen Werkstück und Schleifscheibe beim Flachschleifen mit der Stirnfläche weiche Scheiben, große Werkstückgeschwindigkeit und starke Kühlung nehmen muß. Die Scheibe muß noch sorgfältiger ausgesucht werden als bei den bisher beschriebenen Schleifverfahren. Man arbeite möglichst mit dünnen Spänen und schmalen Scheiben. Ist letzteres nicht angängig (Stirnscheiben!), so empfiehlt es sich, wie schon auf S 15 erwähnt wurde, die Berührungsfläche durch Teilung der Schleifscheibe in einzelne Segmente und durch Aussparung der zu schleifenden Fläche — von der nur etwa 10 mm schmale Leisten stehen bleiben — noch kleiner zu machen; außerdem müssen möglichst viele Arbeitsflächen des Werkstücks in eine einzige Ebene gelegt werden. Das gilt vor allem für rohe Guß- und Schmiedestücke und dann, wenn man ohne Kühlwasser arbeiten muß; eine gewisse Kühlung wird dabei durch die zwischen den Segmenten der Schleifscheibe und den Aussparungen der Werkstücke durchfließende Luft bewirkt. Man lasse nach Möglichkeit nur wenig Material für das Schleifenstehen, wozu man natürlich über eine leistungsfähige Hobelei bzw. Gießerei verfügen muß. Überhaupt ist die Materialzugabe für hochwertige Flachschleifmaschinen geringer als für Rundschleifmaschinen.

Auf Flachschleifmaschinen werden besonders häufig große Mengen gleichartiger Werkstücke gleichzeitig bearbeitet. Das gilt für hin- und hergehende und für umlaufende Schleiftische. Höchst wertvoll für das rasche Auf- und Abspannen der Werkstücke sind die vielfach benutzten magnetischen Spannfutter, die nicht nur einfache flache Stücke, sondern, bei Verwendung geeigneter Zwischenstücke oder Sonderpolschuhe unter richtiger Führung des Kraftlinienlaufs, auch verwickelte winklige und runde Werkstücke aufnehmen können. An einer Längs- und Querseite kann eine Anschlagleiste angebracht sein. Zum Schleifen kegeliger Stücke werden die Futter schwenkbar gebaut. Kleine Werkstücke können zu mehreren hintereinander gespannt werden. Das noch öfters geübte Aufkleben der Stücke mit Schellack ist nicht so genau und erschwert das Messen der Stärke des Stückes.

Auf die verschiedensten Sonderfälle der Schleiferei, das Schleifen von Kugeln, Kugellagerringen, Walzen, Zahnrädern, das Arbeiten mit Riemenschleifmaschinen, der Scheuertrommel usw. kann an dieser Stelle nicht näher eingegangen werden.

D. Feinschleifen.

In diesem Abschnitt werden diejenigen Schleifarbeiten behandelt, die dazu dienen, die nach einem der vorher besprochenen Schleifverfahren bereits bearbeiteten Stücke auf ganz genaues Maß fertigzuschleifen und die Schleifmarken zu entfernen, die die Scheibe stehen läßt. (Der für dieses Arbeitsverfahren gebräuchliche Ausdruck „Polieren“ trifft den Begriff nicht. Polieren bedeutet blankschleifen, nicht genauschleifen.) Dabei kommt eine Materialabnahme von etwa $0{,}002 \div 0{,}01$ mm in Frage. Das untere Maß gilt nur für ganz erstklassige Schleifmaschinen und sehr geschickte Bedienung (vgl. S. 34).

Das Schleifwerkzeug. Der Feinschliff erfolgt mit losem Schleifpulver, das meist mit Öl angerührt und auf einen Schleifträger, Metallring oder Dorn, dessen Metall möglichst weicher sein soll als das zu schleifende, aufgetragen, eingerieben oder eingerollt wird. Der Schleifträger arbeitet dann ähnlich einer äußerst feinen Feile oder einem Ölstein. Zum Vorschleifen empfiehlt sich mittelgrobes Schmirgel-, Alundum- oder Karborundumpulver mit Vaselin, zum Fertigschleifen feiner Schmirgel, Polierrot oder Wiener Kalk (letztere beiden besonders für Kupferlegierungen). Gußeisenträger feuchte man mit Benzin, Gasolin oder Petroleum an (letzteres ist besser, weil es nicht verdunstet, Terpentin ist nicht so gut); für Kupfer- und Stahlträger ist Maschinenöl gut, Schmalzöl besser. Auch eine Mischung von Petroleum und Schmalzöl zu gleichen Teilen wird empfohlen.

Allgemein verwendet man weiches, feinkörniges Gußeisen, Kupfer, Messing und weichen Stahl als Schleifmittelträger. Gußeisen schleift genau und sauber, ist aber spröder als die anderen genannten Metalle und nimmt nicht so viel Schleifpulver auf wie diese. Je härter das zu schleifende Metall, um so härter kann das Metall des Schleifmittelträgers gewählt werden; für den letzten Schliff aber (wenn das Stück schon maßhaltig ist), empfiehlt sich ein weiches Material, Blei oder Hartholz (z. B. harter Ahorn), um das letzte Schleifpulver aus der Oberfläche des Werkstückes herauszuholen. Man erhält dadurch eine gute Politur ohne Kratzen. Andererseits nutzen sich diese weichen Materialien zu rasch ab, als daß man sie zum Vorschleifen verwenden könnte. Gußstahl ist zu hart und hält das Schleifpulver nicht genügend fest.

Interessante Ergebnisse zeitigten amerikanische Versuche (beschrieben in „Machinery“, August 1915). Darnach ist Karborundum etwas schnittfähiger als Alundum, dieses wieder schnittfähiger als Schmirgel. Karborundum nutzt den Schleifträger etwa doppelt so rasch ab wie Schmirgel; Alundum $1^1/_4$ mal so rasch. Gröbere Pulver als Nr. 150 (vgl. S. 22) soll man nicht benutzen. Die Schleiffahigkeit ist dem aufgewandten Druck proportional. Die Abnutzung von Schleifträgern aus Kupfer, Stahl und Gußeisen verhält sich wie 2,62 : 1,27 : 1. Wenn man also wünscht, daß die Schleifträger lange ihre Form behalten, so muß man Gußeisen verwenden; legt man dagegen mehr Wert auf rasches Arbeiten, so schleife man mit Kupfer- oder Stahldornen. (Stahldorne sind übrigens verhältnismäßig wenig beliebt.) Nasses Feinschleifen arbeitet 1,2 : 6 mal so rasch wie Trockenschleifen. Vielfach wird naß vor- und trocken fertiggeschliffen.

Der Durchmesser der Schleifbacken wird etwa 0,05 mm über Maß, der Durchmesser des Schleifdorns um ebensoviel unter Maß gehalten zwecks Aufnahme des Schleifpulvers.

Für jedes der hintereinander angewandten Schleifmittel kommt ein besonderer Schleifträger in Betracht.

Alle Schleifdorne, Schleifringe und sonstigen Schleifträger müssen oft mit Benzin oder Gasolin gereinigt werden.

Beim Feinschleifen kommt es stets sehr auf das Feingefühl des Schleifers an. Man arbeite unter leichtem Andrücken und lasse das Werkstück nicht heiß werden. Eine geringere Umlaufgeschwindigkeit als die auf S. 26 angegebene ist für gehärteten Stahl nicht empfehlenswert. Neue Backen oder Dorne schleifen übrigens erst dann richtig, wenn das Schleifpulver richtig eingebettet ist, so daß es festliegt, während das Werkstück umläuft. Das dauert immer erst einige Zeit.

Schleifen verschiedener Flächen. Ebene Flächen kann man auf tadellos geradflächig gehobelten, für ganz genaue Arbeiten auch geschabten, Gußeisenplatten feinschleifen, deren Größe für Lehrenarbeiten etwa 220 × 300 mm bei 50 mm Dicke beträgt. Von größter Bedeutung ist es, daß die Platte gut von Spannungen befreit wird, was durch langes Liegenlassen nach dem Hobeln, durch längeres Erhitzen oder Rütteln geschehen kann. Die zum Vorschleifen benutzte Platte besitzt im Abstand von etwa 10 mm Kreuz- und Quernuten, in denen sich das Schleifpulver sammelt. Häufiger schleift man auf Flachschleifmaschinen vor und auf einer Platte ohne Nuten fertig. Das mit Öl angefeuchtete Schleifpulver wird mittels einer gehärteten Stahlplatte in die Gußeisenplatte eingedrückt, ohne daß die Stahlplatte hin- und hergeschoben wird. Loses Pulver darf nicht auf der Oberfläche vorhanden sein, sonst rollt es hin und her und erzeugt Kratzen. Auf dieser Gußeisenfläche wird das Arbeitsstück geschliffen, und zwar so, daß stets die ganze Fläche der Platte bestrichen wird. Gehärtete Stahlplatten, die spiegeln sollen, werden auf einer Glasplatte poliert, die auf der beschriebenen Platte nur ganz leicht angerieben wurde. Beim Feinschleifen von kleinen Flächen, z. B. Endmaßen, liegt die Gefahr vor, daß die Ecken zuerst abgeschliffen werden. Man kann sie deshalb auf dem Außenmantel eines umlaufenden Gußeisenkegels vorschleifen, wobei man die Gewißheit

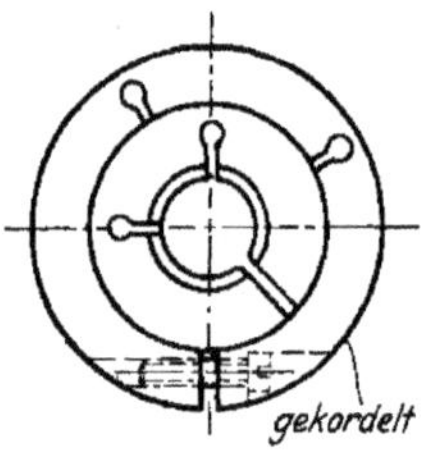

Fig. 49. Feinschleifkluppe.

Fig. 50. Feinschleifdorn.

hat, daß zuerst die Mittelpartie abgeschliffen wird. Das letzte Fertigfeinschleifen kann auf genau ebenen Glasplatten erfolgen, wobei man kein neues Schleifmittel, sondern nur noch Öl hinzufügt; die Schleifarbeit leistet dabei der letzte in den Poren sitzende Staub. Auch gibt es Maschinen hierfür, bei denen die Endmaße um mehrere Mittelpunkte kreisen.

Zum Außenfeinschleifen von runden Körpern (meist handelt es sich dabei um die Fertigbearbeitung von Kaliberdornen und anderen Lehren) verwendet man entweder einfache flache Kupferfeilen oder am besten nachstellbare Kupferbacken, die, wie in Fig. 49 dargestellt, in einen gußeisernen Halter eingesetzt sind. Zweckmäßig sind diese dreifach geschlitzt, der eine Schlitz geht durch; der Halter ist zweimal eingeschlitzt und einmal durchgeschlitzt, eine Schraube drückt ihn zusammen, so daß der Schleifdurchmesser nachgestellt werden kann. Bei kleinen Durchmessern genügen radiale Einstellschrauben in einem nicht geschlitzten Halter. Das Arbeitsstück wird im Dreibackenfutter einer Drehbank, die Kluppe von Hand festgehalten.

Zum Innenfeinschleifen benutzte man früher Holzstäbe mit umgelegtem Schmirgelleinen, die aber unrunde Löcher und Vorweite erzeugten. Heute verwendet man Innenschleifdorne aus Metall, die, wie in Fig. 50 dargestellt, aus einem mehrfach eingeschlitzten (nicht bis zu den Enden durchgeschlitzten) Kupferrohr mit einem Innenkegel aus Stahl als Auftreiber bestehen können; öfters befindet sich des gleichmäßigeren Auftreibens wegen zwischen dem Stahlkegel und dem Kupferrohr noch ein Zwischenkonusrohr. Solche Dorne legt man sich z. B. in einer Lehrenfabrik in Durchmessern von etwa 3÷26 mm auf Lager, und zwar Vorschleifdorne mit etwa 0,15 mm Untermaß, und Fertigschleifdorne mit etwa 0,04 mm Untermaß. Zur Vermeidung von Vorweite wird das Schleifpulver stets in der Mitte aufgetragen; auch wird der Dorn auf der Auftreibseite etwas dünner gedreht, um nach dem Auftreiben genau zylindrisch zu sein. Größere Bohrungen schleift man mit einem geschlitzten und einstellbaren Bleidorn fertig. Man kann den Bleidorn auch um einen mit Nuten versehenen Stahlkern gießen, auf dem man ihn nach Kleinwerden des Außendurchmessers weitertreibt. Empfehlenswert ist es auch, den Dorn mit einer äußeren Schraubennut für die Aufnahme des Öles und des Schleifpulvers zu versehen. Die Aufnahme des Dorns erfolgt meist im Dreibackenfutter oder zwischen Spitzen, während das Stück von Hand ständig hin- und hergeschoben wird. Der Dorn muß etwas länger, das schleifende Stück des Dorns dagegen kürzer sein als die Bohrung.

Außer den bereits aufgeführten Schleifmitteln wird zum Innenfeinschleifen vielfach Diamant benutzt. Diamantpulver wirkt kräftiger als andere Schleifmittel und bleibt länger scharf, erzeugt aber keine so blanke Oberfläche; es wird zum Schleifen kleiner gehärteter Stahlteile verwandt. Das Diamantpulver stellt man sich durch Zerstampfen von Diamantabfällen in einem kleinen Stahlmörser mit genau passendem Stempel selbst her, wobei man einige Tropfen Olivenöl zusetzt und den Stempel oben mit einer Gummischeibe gegen den Mörser abdichtet. Das Erzeugnis besteht aus verschieden starken Körnern, die durch Absetzenlassen in Olivenöl voneinander geschieden werden. Es darf niemals zu viel Schleifpulver auf den Dorn, besonders nie während des Laufens, aufgetragen werden, sonst fällt es ab, ohne zu schleifen, zerstört die Oberfläche und erzeugt Vorweite, da der Diamant sehr rasch schneidet. Man arbeite mit leichten Schnitten und sehr hohen Geschwindigkeiten. Vermeidet man Verluste (vor allem dadurch, daß man immer nur wenig Diamantpulver aufträgt, und die Dorne stets in der gleichen Schale mit Benzin abwäscht), so stellt sich das Schleifen mit Diamant nicht allzu teuer. Beim Auftragen darf kein starker Druck aufgewandt werden. Am besten bringt man das Gemisch von Schmirgel oder Diamantpulver und Öl auf eine gehärtete Stahlplatte und rollt den Innenschleifdorn auf dieser hin und her. Bei Stahldornen kann man dabei rundum leichte Hammerschläge geben. Der Dorn ist gefüllt, wenn er sich mit dem Fingernagel rauh anfühlt. Das Heranführen des Dorns an das Werkstück muß sehr vorsichtig erfolgen, da keine Funken auftreten, die die Berührung anzeigen. Man kann sich dabei so helfen, daß man das singende Geräusch der Schleifstelle durch einen Draht verstärkt, dessen eines Ende das Werkstück berührt und dessen anderes, entsprechend zurecht gebogenes, Ende an das Ohr gehalten wird.

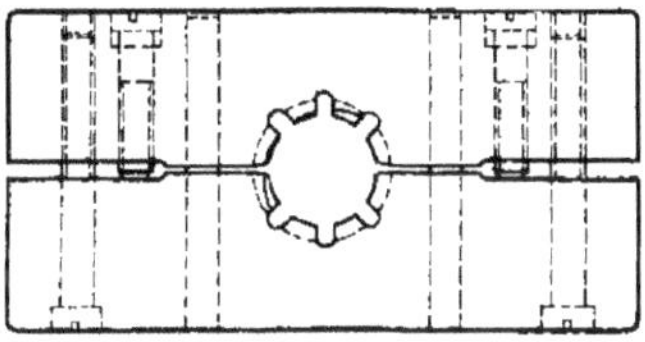

Fig. 51. Feinschleifkluppe für Gewinde.

Zum Feinschleifen von Gewindelehren nehme man für grobe und mittelgrobe Steigungen Schleifdorne bzw Schleifmuttern aus weichem Gußeisen; für feinere Steigungen Kupfer oder auch wohl Maschinenstahl oder kalt gewalzten Stahl, da Gußeisen bricht oder sich an den Spitzen rasch abnutzt. Die Schleifdorne und Muttern müssen sehr genau sein, denn die mit ihnen geschliffenen Lehren können nicht genauer werden als sie selber sind. Man schneide deshalb Dorne und Lehren mit der gleichen Leitspindel oder wenigstens mit sehr genau miteinander übereinstimmenden Spindeln; unzulässig sind Leitspindeln mit Steigungsuntermaßen. Häufig sind die Schleifkluppen einstellbar (vgl. Fig. 51);

ein Gewindekaliber dient zur genauen Einstellung. Der Fertigschleifdorn erhält zweckmäßig nur wenige Gewindegänge. Für den Gewindegrund, die Flanken und den Außendurchmesser sind besondere Schleifdorne und -muttern erforderlich. Zweckmäßig verwendet man für diese Arbeit kleine Maschinen mit rechts- und linksherumlaufender Arbeitsspindel, die durch eine Reibkupplung mit Hebel umgeschaltet wird. Man schleift dann am besten nur diejenigen Stellen aus, die dies noch nötig haben. Grobsteigige Lehren sind billiger mit der Schleifscheibe fertig zu machen, wozu man kleine Schleifapparate mit angebauter Abrichtvorrichtung verwendet.

E. Scharfschleifen.

Allgemein beachte man beim Schleifen von Werkzeugen aller Art:

Man schleife häufig und lasse die Schneiden nicht zu stumpf werden. (Fräser schärfe man, sobald die Schneidflächen sich um höchstens 0,2 mm abgenutzt haben.)

Man schleife lieber mehrmals leicht als einmal zu kräftig.

Man arbeite mit schmalen Scheiben, damit kein Erhitzen der Arbeitsstelle eintritt; das gilt besonders für Trockenschliff. Häufig wird über zu weiche Schneiden geklagt, der Grund liegt oft darin, daß man unvorsichtig schleift und die Schneide ausglüht. Die meisten Schneidwerkzeuge schleift man am besten mit Schmirgel- oder Korundscheiben.

Die Schleifscheibe sei etwas härter als mittelhart und nicht zu fein gekörnt (gröber als 60). Zu feine Scheiben schleifen langsam und verbrennen die Zähne leicht, außerdem können sie Risse an der Werkzeugschneide verursachen. Stark abgenutzte Werkzeuge schleife man mit einer groben Scheibe vor.

Scheiben, die mit der Seite arbeiten, schneiden niemals so frei, als die mit dem Umfang schleifenden Scheiben. Deshalb beträgt die Spantiefe beim Grobschleifen von Seitenzähnen an Messerköpfen, Stirnflächen usw. höchstens 0,05 mm.

Im übrigen vgl. über die Schleifstoffe S. 9—10, die Scheibenformen S. 15 bis 17, über Bindung S. 14 und 20, über Körnung S. 22, über Scheibengeschwindigkeiten S. 26, über Spantiefen S. 29, über Auswahl der Scheibe im Einzelfalle S. 25, über Trocken- und Naßschliff S. 35.

Die Aufnahmewerkzeuge (Dorne usw.) müssen genau den Abmessungen des zu schleifenden Werkzeugs entsprechen und sind häufig mit der Meßuhr auf genaues Rundlaufen zu prüfen; auch die Zentrierbohrungen messe man öfters auf genaue Form nach.

Ölige Werkzeuge, z. B. Fräser, müssen ehe man sie auf die Schleifmaschine bringt, in Sodawasser entfettet werden, damit die Schleifscheiben nicht verschmutzen.

Schneidstähle. Über diese Werkzeuge wurde schon oben (S. 35) einiges gesagt. Meist erfolgt das Schleifen freihändig, besser aber auf Maschinen mit fester Stahleinspannung, bei denen entweder der Scheibensupport feststeht, und der Stahl hin- und herbewegt wird, oder der Stahlhalter feststeht, und der Scheibensupport hin- und hergeschwenkt wird. Den Maschinen werden Tabellen beigegeben, aus denen die Winkel für jede Stahlform zu entnehmen sind; man kann somit für jeden Zweck die richtigen Stähle schleifen, ohne auf die beim Schleifen von Hand erforderlichen Flachlehren und Meßkegel für die verschiedenen Stahlwinkel angewiesen zu sein.

Gewindestähle. Die Außengewindestähle werden auf kleinen Sonder-Naßschleifmaschinen geschliffen, die aus einem Bock mit Topfscheibe und einem vorbeischwenkbaren Einspannarm für den Stahl bestehen. Der Stahl erhält durch seine Einspannung stets die richtigen Schneidenwinkel. Die Zustellung erfolgt durch Schraubenspindel.

Gedrehte Formstähle werden auf Sondermaschinen mit Topfscheibe und Kreuzsupport trocken geschliffen; auf letzterem wird der Stahl mittels einer abgestuften Kaliberlehre oder eines Lineals so auf einen wagerechten Dorn gespannt, daß die Schleifscheibe um ein gewisses Maß vor der Mitte vorbeischleift. Dadurch erhält der Stahl seinen richtigen Anstellwinkel (vgl. Fig. 52). Dieser Mittenabstand ergibt für den gebräuchlichen Stahldurchmesser von 60 mm folgende Anstellwinkel:

Mittenabstand	=	2	3	4 mm	
Anstellwinkel	= etwa	$3^0 50'$	6^0	$7^0 40'$	(vgl. S. 58).

Messer für Hobelmaschinen, Papier- und Stoffmaschinen usw. werden meist auf einfachen Sondermaschinen mit selbsttätigem Hin- und Hergang des Messers oder der Scheibe geschärft, sie können aber auch mittels Spezialaufnahmevorrichtung auf normalen Rundschleifmaschinen geschliffen werden. Die Aufspannplatte des Messersupports liegt in einer der Schneide angepaßten Schräge. Der Spindelstock der Spezialmaschinen ist häufig drehbar, so daß man entweder mit der Topfscheibe eine gerade Schneide oder mit dem Umfang der Flachscheibe eine Hohlschneide erzeugen kann. (Papiermesser sind gar nicht oder nur sehr wenig hohl zu schleifen.) Gewöhnlich schleift man von der Schneide weg nach außen zu und muß dann den entstehenden feinen Grat mit dem Ölstein abnehmen, doch wird das umgekehrte Verfahren geübt. Kleine Messer können in den Schraubstock der Universal-Werkzeugschleifmaschine gespannt werden.

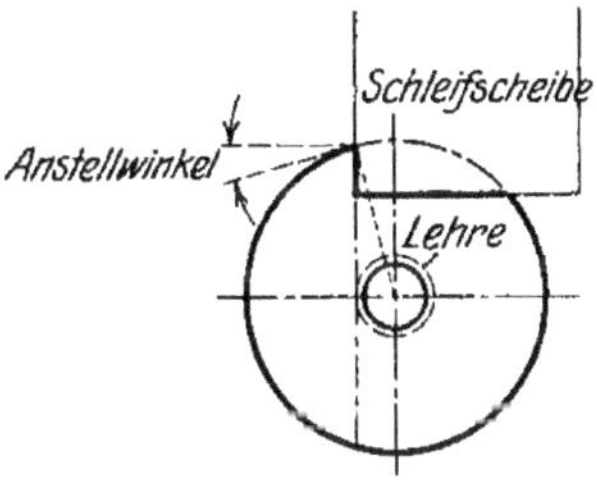

Fig. 52. Das Schleifen von Formstählen.

Fräser, Reibahlen, Senker. Diese Werkzeuge dürfen nur auf genau passenden Dornen geschliffen werden; schlägt der Dorn, so schlägt auch das geschliffene Werkzeug. Zum erstenmal zu schärfende oder sehr stumpf gewordene Reibahlen und Senker schleife man rund, ehe man mit dem Scharfschleifen beginnt, da man sie sonst nur schwer genau rund laufend bekommt, und die Scharfschleifscheiben zu stark abnutzt; eine schmale Fase des geschliffenen Umfangs (bei Reibahlen etwa 0,2 ÷ 0,3 mm) bleibt bestehen. Bei Reibahlen muß auch der Anschnitt, zweckmäßig auch die Zahnbrust geschliffen werden.

Man kennzeichne den ersten Zahn mit Kreide und ziehe dann in gleichförmigem Tempo Zahn für Zahn an der Scheibe vorbei, und zwar 2 ÷ 3 mal im Kreise herum.

Die Aufnahme der zu schleifenden Werkzeuge erfolgt gewöhnlich auf dem Dorn, in der Bohrung, im Spannkopf, am Konusschaft oder zwischen Spitzen. Das Abstützen des Werkzeugs geschieht meist durch eine Zunge. Diese ist klinkenartig und federnd ausgebildet und legt sich beim Weiterschalten von Zahn zu Zahn bei spitzgezahnten Werkzeugen gegen die Brust, bei hinterdrehten gegen den unveränderlichen Rücken des jeweils geschliffenen Zahnes (vgl. hierzu auch S. 60). Das Anlageglied kann der Werkzeugform entsprechend verschieden geformt, darf aber nicht zu schmal sein. Für schraubenförmige Zähne kann man recht breite Zungen verwenden, die aber nach vorn verjüngt sein müssen, um den Schraubennuten richtig folgen zu können. Bei geraden Zähnen wird der Zungenträger am Schleifbock oder am Maschinenkörper, bei Schraubennuten am Maschinenkörper befestigt. Niemals darf die Zunge einen anderen Zahn festhalten als den gerade geschliffenen. Da die Zahnteilungen durch das Härten kleine Unterschiede aufweisen können, so würden durch das

Festhalten eines anderen Zahnes Fehler entstehen. Dies gilt in verstärktem Maße für Reibahlen mit ungleicher Teilung. Sind die Teilungsabweichungen sehr groß, so muß ohne Zunge geschliffen werden.

Die Umlaufrichtung der Scheibe kann laut Fig. 53 nach Pfeilrichtung I oder II erfolgen. Die erste Art ist die meist gebräuchliche und hat den Vorteil, daß die Scheibe das Werkzeug gegen die Zunge drückt und so an der Drehung hindert; sie hat den Nachteil, daß die Scheibe Grat an der Schneide ansetzt, der mit dem Ölstein abgezogen werden muß, und daß sich die Scheibe verhältnismäßig stark erhitzt. Die Drehrichtung II gestattet die Abnahme kräftigerer Späne, da die Gefahr des Ausglühens der Schneide kleiner ist, und erzeugt eine glatte Schneide. Jedoch erfordert diese Art ein stetes Andrücken des Werkzeugs gegen die Zunge, da die Scheibe das Werkzeug von der Zunge wegzudrehen sucht und dadurch das Werkstück und die Scheibe gefährdet. Dieses Andrücken des Werkzeugs gegen die Scheibe kann mittels Gewichtzuges erfolgen.

Spitzgezahnte oder gefräste Werkzeuge müssen beim Schleifen einen Anstellwinkel (Hinterschliffwinkel) erhalten, der bei Schruppfräsern etwa 4÷7°, bei Schlichtfräsern und Reibahlen 3÷6° beträgt. Bei Aluminium geht man bis zu 10°, selbst 15°. (Größer darf er bei Metallen nicht sein, sonst hakt und rattert der Fräser und wird schnell stumpf; die größeren Winkel sind nur bei starken Maschinen und kräftigem Dorn zulässig. Die kleineren Werte gelten für Gußeisen, die größeren für Stahl. 5° ist der am häufigsten vorkommende Winkel.) Um diesen Winkel beim Schleifen zu erhalten, muß man die Achse der Schleifscheibe gegen die des Fräsers etwas versetzen, und zwar nach der in Fig. 54 für Flach- und Tellerscheiben, in Fig. 55 für Topfscheiben dargestellten Ausführung. Das Einstellmaß ergibt sich aus der Formel $e = \frac{D}{2} \cdot \sin \alpha$. Hierin ist D bei Flach- und Tellerscheiben der Scheibendurchmesser, bei Topfscheiben der Werkzeugdurchmesser.

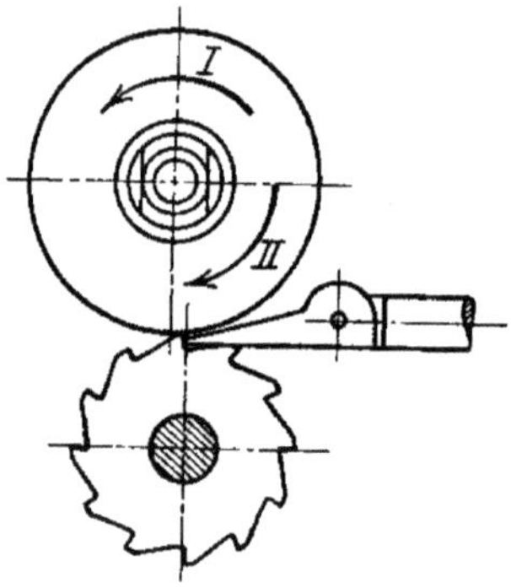

Fig. 53. Umlaufrichtung der Scheibe beim Fräserschleifen mit Zunge.

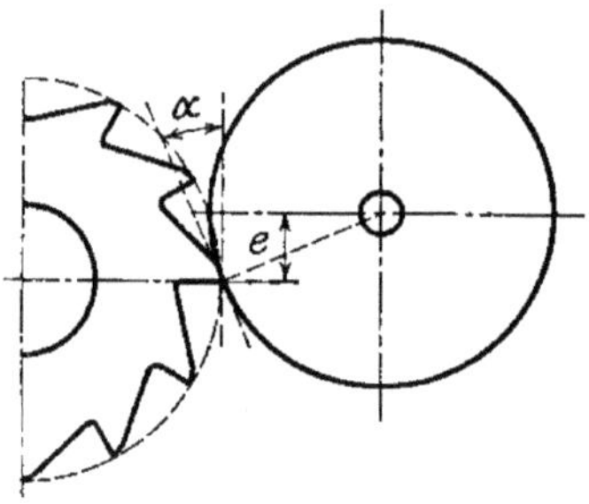

Fig. 54. Achsenstellung der Flach- und Tellerscheibe.

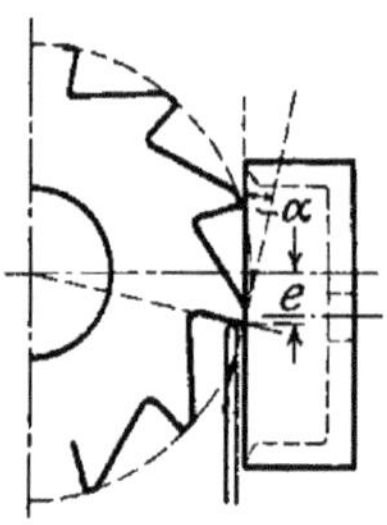

Fig. 55. Achsenstellung der Topfscheibe.

Die Tabelle auf S. 59 für das Einstellmaß für die verschiedenen Fräser- bzw. Scheibendurchmesser und die verschiedenen Anstellwinkel ist Veröffentlichungen der Firma Schuchardt & Schütte und der Fritz Werner A. G. entnommen. (Meist erfolgt die Einstellung übrigens nach Augenmaß.)

Fig. 56 veranschaulicht die Schrägstellung der Achse einer Topfscheibe beim Schleifen von schraubenförmigen Zähnen eines Walzenfräsers (vgl. S. 16).

Die Höheneinstellung des Schleiftisches auf die Tabellenmaße erfolgt so, daß man die Achse der Schleifspindel und die des Werkstückes zunächst auf gleiche Höhe bringt; hierzu dient eine am Spindelkasten vorgesehene, in Achsmittenhöhe liegende Fläche und eine auf den Tisch gesetzte Einstellehre. Die Höhenlage liefert dann die Stellspindel nebst Teilring.

Einstellmaße für verschiedene Anstellwinkel.

Durchmesser D	Einstellmaße für einen Anstellwinkel von					Durchmesser D	Einstellmaße für einen Anstellwinkel von				
mm	3°	4°	5°	6°	7°	mm	3°	4°	5°	6°	7°
6	0,16	0,21	0,26	0,31	0,37	65	1,70	2,27	2,83	3,40	3,96
8	0,21	0,28	0,35	0,42	0,49	70	1,83	2,44	3,05	3,66	4,27
10	0,26	0,35	0,44	0,52	0,61	75	1,96	2,62	3,27	3,92	4,57
12	0,31	0,42	0,52	0,63	0,73	80	2,09	2,79	3,49	4,18	4,88
14	0,37	0,49	0,61	0,73	0,85	85	2,22	2,97	3,71	4,44	5,18
16	0,42	0,56	0,70	0,84	0,98	90	2,35	3,14	3,92	4,70	5,49
18	0,47	0,63	0,78	0,94	1,10	95	2,48	3,32	4,14	4,96	5,79
20	0,52	0,70	0,87	1,05	1,22	100	2,62	3,49	4,36	5,23	6,10
22	0,58	0,77	0,96	1,15	1,34	110	2,88	3,84	4,80	5,75	6,70
25	0,65	0,87	1,09	1,31	1,52	120	3,14	4,19	5,23	6,27	7,31
28	0,73	0,98	1,22	1,46	1,71	130	3,40	4,54	5,67	6,79	7,92
30	0,78	1,05	1,31	1,57	1,83	140	3,66	4,89	6,10	7,32	8,53
35	0,92	1,22	1,53	1,83	2,13	150	3,92	5,24	6,54	7,84	9,14
40	1,05	1,40	1,74	2,09	2,44	160	4,18	5,58	6,98	8,36	9,75
45	1,18	1,57	1,96	2,35	2,74	170	4,45	5,93	7,41	8,88	10,36
50	1,31	1,75	2,18	2,61	3,05	180	4,71	6,28	7,85	9,41	10,97
55	1,44	1,92	2,40	2,87	3,35	190	4,97	6,63	8,28	9,93	11,58
60	1,57	2,09	2,62	3,14	3,66	200	5,23	6,98	8,72	10,45	12,19

Beim Schleifen von kegeligen Fräsern und Reibahlen darf die Zunge nicht so angestellt werden wie dies Fig. 57 zeigt, d. h. die Zunge darf nicht unter Mitte des Werkzeugs stehen. Fig. 58 zeigt, wie sie stehen muß, nämlich auf Fräsermitte; das Einstellmaß e erhält man dann dadurch, daß man die Scheibe um e höher oder aber Fräser und Zunge zusammen um e tiefer setzt. Geschicht das nicht, so erhält man hohlgeschliffene Konuswerkzeuge, und mit diesen hergestellte Löcher tragen in der Mitte stärker als an den Enden.

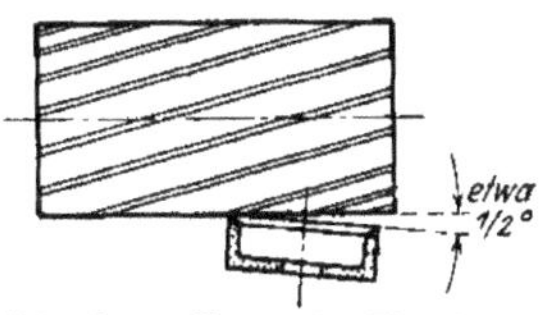

Fig. 56. Anstellung der Topfscheibe.

Fig. 57 falsch.

Fig. 58 richtig.

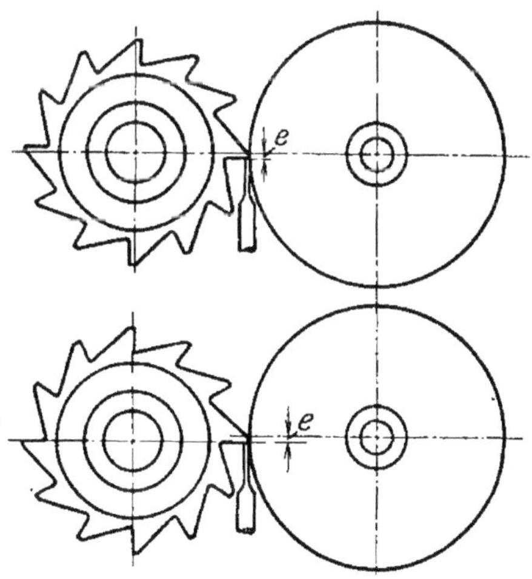

Fig. 57 u. 58. Ansetzen der Zunge beim Schleifen von Kegelwerkzeugen.

Das Schleifen von spitzgezahnten (nicht hinterdrehten) Formfräsern kommt heute wenig mehr in Frage, da sie fast völlig durch hinterdrehte Formfräser verdrängt worden sind. Man kann sie mit Schablonensupporten, einfache Rundformfräser mit radial einstellbaren Schwenkvorrichtungen schleifen.

Das Schleifen der hinterdrehten Fräser ist einfach, es besteht in einem Abschleifen der radialen Zahnbrust. Hinterdrehte Fräser schleife man besonders häufig, die Oberfläche eines mit scharfen Fräsern bearbeiteten Stückes ist viel glatter und weicher, als wenn der Fräser stumpf ist, auch erzeugt der scharfe Fräser weniger Grat. Nicht ganz einfach ist es, festzustellen, wie weit die einzelnen Zähne abgeschliffen werden müssen. Am richtigsten verfährt man bei neuen Fräsern so, daß man den Fräser gegen die Scheibe rund anlaufen läßt und die dabei entstandenen Fasen abschleift. Man schleift dann die Brustflächen, soweit ab, wie dies die außen angeschliffenen Fasen — oder, falls man nicht außen anschleift, die Abnutzungsmarken — anzeigen. Schleift man mit Zunge, so müssen die Zahnrücken, falls sie verzogen sind, vorher gleichmäßig geschliffen werden, damit die Zähne gleich stark werden. Häufig schleift man aber so, daß man den Fräser flach auf den Tisch der Schleifmaschine legt, ihn mittels eines Dornes zentriert, und ihn einfach gegen die Hohlseite der Tellerscheibe — der Tisch muß möglichst Hebelbewegung haben — verschiebt. (Steht die Scheibe nicht auf gleicher Höhe wie der Dorn, sondern über diesem, so wird der Fräser mit der Hand auf dem Dorn an der Scheibe vorbeigeschoben.) Ein Rundschleifen des stark abgenutzten hinterdrehten Fräsers, wie bei den spitzgezahnten Werkzeugen beschrieben, ist hier natürlich nicht möglich. Die Einstellung der Scheibe muß bei hinterdrehten Fräsern genau radial erfolgen,

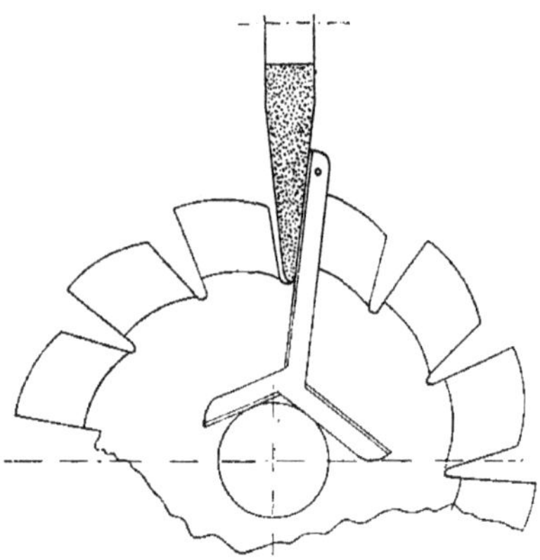

Fig. 59. Fräser-Schleiflehre.

Fig. 60. Fräserlehre.

sonst entsteht ein falsches Profil. (Vgl. unten zu Fig. 62. Ein leichtes Unterschleifen kann allerdings bei weichen Werkstoffen vorteilhaft sein.) Auch achte man darauf, daß die Zahnspitze nicht schärfer abgeschliffen wird, als der Zahnfuß; dieser Fehler entsteht nämlich leicht, da die Spitze dünner ist und rascher weggeschliffen wird. Hierdurch wird die Zahnbrust nicht radial, und der betreffende Zahn schneidet schlecht; wenn alle Zähne so verschliffen sind, entsteht auch ein falsches Profil. Für die radiale Einstellung der schleifenden Scheibenfläche kann man hierbei Schleiflehren benutzen wie in Fig. 59 dargestellt, auch werden einfache Anschlaglehren benutzt, die auf der Maschine befestigt werden. Zum Prüfen der fertig geschliffenen Fräser auf radiale Zahnbrust kann die Lehre der Fig. 59 oder der Fig. 60 benutzt werden. die in die Bohrung eingelegt wird. Eine Lehre genügt für alle Bohrungen. Besser ist die Ausführung nach Fig. 61, die mit einem Rundzapfen in die Bohrung gesteckt wird und außer der radialen Stellung der Zahnbrust auch die Abstände der Zahnschneiden vom Mittelpunkt kontrolliert; für die verschiedenen Bohrungen werden besondere Einsatzscheiben aufgesteckt.

Die beim Schleifen von Formfräsern häufigsten Fehler zeigt Fig. 62 an einem Zahnformfräser. Bei A sieht man eine schief zur Fräserachse geschliffene Zahnbrust; die Folge ist, daß die vorstehende Zahnhälfte mehr wegschneidet als die zurückstehende, die geschnittene Lücke wird somit unsymmetrisch. Die Zähne B und C sind nicht radial geschliffen; B ist stumpf, schneidet schlecht und verzerrt und erzeugt ungenügend tiefe Zahnlücken, bzw. er schneidet, falls er auf richtige Tiefe angestellt wird, zu weite Lücken. C ist zu scharf, der Zahn hakt ein, rattert, schneidet zu tiefe Lücken, ein falsches Profil, und wird an der Spitze rasch stumpf. Besonders unangenehm sind derartige Fehler bei Rillenfräsern für Gewinde.

Zum Schleifen von Fräsern mit Schraubennuten kann man, falls die Nuten keine gute Zungenführung gestatten, eine Vorrichtung nach Figg. 63÷64 benutzen. Dieselbe besteht in einer mit Schraubennuten versehenen Hülse, die auf dem gleichen Dorn wie der zu schleifende Fräser aufgenommen wird, und in die eine Führungszunge eingreift. Die Hülsen werden mit beliebiger Steigung geliefert. Natürlich muß die Schraubennut des Fräsers genau richtig sein, und die der Schablone — auch nach Kleinerwerden des Fräserdurchmessers, d. h. Steilerwerden der Schraubensteigung — genau die gleiche sein. Schneckenförmige Zahnradfräser und Schneckenradfräser prüfe man nach dem Schleifen mit der Meßuhr auf Rundlaufen. Je nach Größe und Teilung sind höchstens Abweichungen von etwa 0,02÷0,05 mm zulässig.

Fig. 61. Fräserlehre.

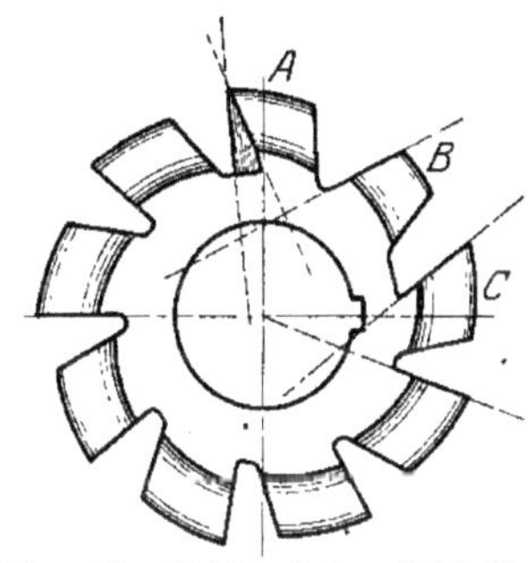

Fig. 62. Fehler beim Schleifen hinterdrehter Fräser.

Gewindekaliber (die zwar nichts mit dem Scharfschleifen zu tun haben, aber im Zusammenhang mit dem Folgenden doch hierher gehören) werden auf verschiedene Weise auf richtige Form geschliffen, um die beim Härten ent-

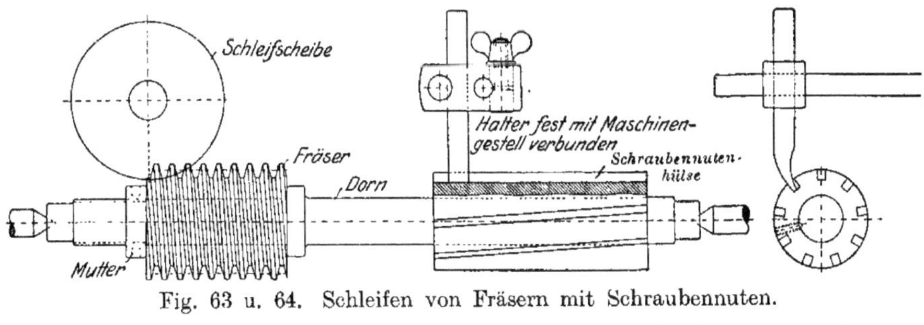

Fig. 63 u. 64. Schleifen von Fräsern mit Schraubennuten.

standenen Verzerrungen zu entfernen. Für Gewindekaliber verwendet man Schleifscheiben mit kegelförmig zugespitztem Umfang (entsprechend der Gewindelücke), die auf den Support einer Leitspindeldrehbank aufgebaut und mit in Flankenrichtung geführten Diamanten abgerichtet werden. Bei größeren Schneckenkörpern schleift man jede Flanke für sich mit normalen Tellerscheiben.

Die Firma J. E. Reinecker baut Maschinen zum Schleifen der Zahnformen fertig hinterdrehter, besonders schneckenförmiger Stirnradfräser von Modul 1,5 an aufwärts. Dadurch werden Härtefehler ausgeglichen. Für die kleineren werden Fingerschleifscheiben (Kegelstumpf mit geraden oder geschweiften Seitenlinien), für die größeren flache Formschleifscheiben verwandt. Da die letzteren nicht die ganze Zahnflanke bestreichen können, so wird jeder Zahn derartig abgesetzt ausgeführt, daß die Scheibe nur etwa die vordere Hälfte der Zahnflanken bearbeitet. Ist diese Hälfte der Zähne verbraucht, so muß der Fräser zum Beschleifen der zweiten Hälfte der Erzeugerfirma eingeschickt werden. Die Scheiben arbeiten auf Maschinen ähnlich Hinterdrehbänken, d. h. sie machen die gleiche Bewegung wie der Hinterdrehstahl. Die Fingerschleifscheiben arbeiten trocken, die Formscheiben naß.

Außer mit der Zunge kann man mehrzahnige Werkzeuge auch mit der Teilscheibe schleifen. Für Gewindebohrer und Senker benutzt man einfache Rastenscheiben, für Reibahlen und Fräser auch Teilköpfe mit Wechselrädern. Es gibt auch Maschinen, die das Teilen und den Rücklauf selbsttätig ausführen. Das Teilen nach Teilscheibe hat den Vorteil, daß man keine Teilfehler begehen kann, und daß Fehler durch ungleich geteilte Zahnrücken ausscheiden. Außerdem ist der vollselbsttätige Betrieb der Sondermaschinen bei langen Fräsern und einer größeren Anzahl täglich zu schleifender Werkzeuge von Vorteil. Nachteilig ist aber, besonders wenn die Werkzeuge stark abgenutzt werden, der verhältnismäßig langsame Betrieb; von Hand arbeitet man hierbei rascher. Außerdem kann man nach diesem Verfahren immer nur alle Zähne gleichmäßig abschleifen; eine individuelle Behandlung des Einzelzahnes, wie beim Anschleifen einer Fase (s. S. 60), ist hier nicht möglich.

Sägen. Bandsägen feilt man scharf, oder man schleift sie durch einfaches Herangehen der Schleifscheibe; die Weiterschaltung erfolgt durch einen Schaltfinger, der am besten den gerade geschliffenen Zahn angreift. Die Maschinen können mit Schränkapparat ausgerüstet werden, der hinter der Schleifscheibe sitzt und die Zähne abwechselnd nach links und rechts schränkt. Die Bandsägenschleifmaschinen sind meist gleichzeitig zum Schleifen von Kreissägen eingerichtet.

Da die Zähne der Kreissägen geschränkt geschliffen sind, so muß die Schleifscheibe eine Schwenkbewegung ausführen, derart, daß sie einen Zahn links und einen Zahn rechts eingreift. Hierzu sitzt der Schleifscheibenlagerbock auf einer um einen vertikalen Zapfen drehbaren Hülse. Die Bewegungen können durch Kurvenscheiben eingeleitet werden. Einige Konstruktionen besitzen zwei Schleifscheiben: eine mit $75 \div 80^{0}$ Schräge zum Schärfen der Zähne und eine mit $50 \div 53^{0}$ Schräge zum Tieferschleifen der Zahnlücken. Hierbei wird der Zahnrücken durch Berührung mit dem schrägen Umfang der Schleifscheibe geschärft; bei anderen Konstruktionen wird eine schmale Schleifscheibe verwandt und während diese zurückgeht, wird die Säge mit dem Schaltfinger vorgeschoben, so daß die schmale Scheibe den Rücken der weiterbewegten Säge in dem richtigen Rückenwinkel bestreicht. Der an der Zahnbrust entstehende Grat ist vorteilhaft.

Beim Sägenschleifen dürfen nur kleine Späne abgenommen werden, da die dünnen Zähne sonst leicht ausglühen.

Schneideisen werden an der Brustfläche, falls die Spanlöcher groß genug dazu sind, mit einer kleinen Schleifscheibe, bei kleinen Spanlöchern mit einem Messing- oder Kupferdorn oder einem kleinen runden Ölstein geschärft. Das Schneideisen wird dabei in der Hand festgehalten. Den mit dem Anschnitt versehenen Zahnrücken (Gewindeflächen) hinterschleift man ähnlich, jedoch kann man hierbei das Schneideisen im Gewinde gegen einen schrägen Winkel spannen und die Brustflächen der Schneidrippen als Anschlag benutzen.

Gewindebohrer werden — unter Beibehaltung des richtigen Brustwinkels (der bis etwa 10° betragen kann) — an der Stirnfläche geschliffen, und zwar mittels einer Schleifscheibe, deren Profil der Nutenform entspricht, oder auch mit einer gewöhnlichen Tellerscheibe. Gewöhnlich nimmt man den Bohrer zwischen Spitzen auf. Die Kante der Zahnbrust wird nach dem Schleifen mit dem Ölstein abgewetzt.

Spiralbohrer. Die Schneidflächen eines Spiralbohrers werden, um den nötigen Hinterschliff zu erhalten und gleichzeitig ein bequemes Schleifen zu ermöglichen, als Teile von zwei Kegelmantelflächen ausgebildet. Dadurch, daß die Kegelspitzen um einen Bruchteil des Durchmessers seitlich von der Bohrerachse liegen, erhält man den Anstellwinkel, während der Brustwinkel durch die zurückweichende Schraubennut gebildet wird. Eine genaue Herstellung dieser Kegelflächen ist nur auf einer Schleifmaschine mit fest eingespanntem Bohrer möglich. Freihändiges Schleifen, auch nach Lehren, ist möglichst zu vermeiden, denn es erfordert sehr große Handgeschicklichkeit.

Folgende Punkte sind vor allem zu beachten:

1. Die beiden Schneidkanten dürfen nicht ungleich lang geschliffen werden. (Diese Gefahr liegt zwar bei einer nicht voll automatischen Schleifmaschine auch vor, jedoch ist hier die Kontrolle leichter als beim freihändigen Schliff.)

2. Die Schneidkanten dürfen nicht unter ungleichen Winkeln zur Achse, bei gleicher Länge, geschliffen werden.

In diesen Fällen entsteht ein zu großer Lochdurchmesser oder ein unrundes Loch; der Bohrer arbeitet in der Hauptsache nur mit einer Schneidkante, diese wird bald stumpf, bricht leicht ab, erzeugt exzentrische Beanspruchung und erfordert einen hohen Kraftverbrauch.

3. Der Hinterschleifwinkel (s. Fig. 70) soll = etwa 59° sein. Ein zu spitzer Hinterschleifwinkel schwächt die Schneiden und führt zu frühzeitigem Stumpfwerden und Abbrechen. Zu große Hinterschleifwinkel können ein Anschneiden überhaupt unmöglich machen und führen dann bestimmt zum Bruch. (Vgl. auch S. 65 oben.)

4. Der Winkel, den die beiden Schneidkanten des Bohrers miteinander bilden, sei gewöhnlich 116° oder 118°.

Bei kleinerem Schneidenwinkel wird zwar die zum Eindrücken und Vorschieben des Bohrers in das Metall erforderliche Kraft geringer; da aber gleichzeitig die Schneidlippen länger werden, so wird die tatsächliche Schnittkraft größer. Die Bohrerlippen sind hierbei außerdem wenig widerstandsfähig, sie nutzen sich rasch ab, und die Spitze kann leicht abbrechen. Bohrer mit zu stumpfem Schneidenwinkel verlaufen sich leicht und verbrauchen viel Vorschubkraft. Wenn ein solcher Bohrer ein mit einem anderen Bohrer mit richtigem Schneidenwinkel gebohrtes Loch weiterbohrt, so haken seine Kanten ein und brechen. Eine Änderung des Schneidenwinkels ist immer gefährlich, da die Nutenform der Spiralbohrer derartig ist, daß die Schneidkante bei den Schneidenwinkeln von 116° oder 118° geradlinig wird. Andere Schneidenwinkel erzeugen gekrümmte Schneiden und unsaubere Bohrungen.

5. Die Spitzenschneide muß im Winkel von etwa 130° stehen (vgl. Fig. 65); sie muß eben sein und scharfe Ecken haben, sonst entstehen großer Kraftverbrauch, Abstumpfung und Bruch.

Fig. 65 zeigt wie die beiden Kegelachsen für die Schleiffläche gelegt werden können: Bei den Maschinen System „Washburn“ liegt die Kegelspitze oberhalb der Bohrerspitze, bei dem System „Weißker“ unterhalb der Bohrerspitze, nach dem Schaft zu. Beide Maschinen arbeiten mit der Stirnfläche einer Ringscheibe.

Der Bohrer wird in einem V-förmigen Prisma aufgenommen und ruht auf einem Gegenhalter mit Einstellschraube. Eine Anschlagzunge sorgt für die richtige Längenlage des Bohrers, eine verschiebbare Bohrerauflage für die richtige Außermittenlage der Kegelspitzen. Beim Schleifen wird der Bohrer mit der linken Hand festgehalten und samt seinem Halter mit der rechten Hand an der Scheibe vorbeigeschwenkt.

Beim Grobschleifen wird die Spanstärke mit der Einstellschraube eingestellt Beim Feinschleifen bleibt diese unverstellt, damit beide Schneidlippen gleich werden. Eine gleichmäßige Abnutzung über die ganze Scheibenbreite und eine Nachstellung bei abnehmender Scheibendicke wird durch entsprechende Einrichtungen ermöglicht. Bei den Weißker-Maschinen erhält jeder Bohrer durch Einlegen in das Prisma ohne weiteres seine richtige Lage. Die Maschinen werden für Trocken- und für Naßschliff gebaut; die Bohrerachse kann mit der Spitze nach oben oder nach unten geneigt sein. Die erstere Anordnung gestattet eine gute Beobachtung der Schneidlippen und verhütet ein Herabfallen des Bohrers auf die Scheibe; die letztere schützt den Arbeiter bei Naßschliff besser gegen Spritzwasser.

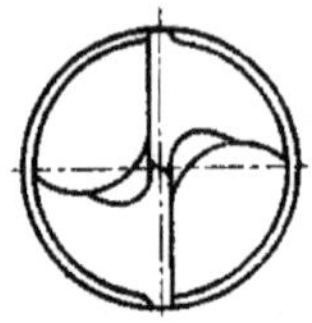

Fig. 66. Richtig gespitzter Bohrerkern.

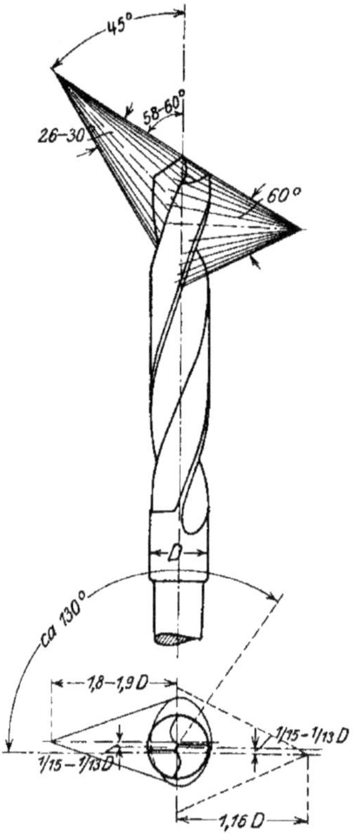

Fig. 65. Entstehung der Bohrerschneide (links nach „Washburn", rechts nach „Weißker").

Fig. 67. Bohrerlehre.

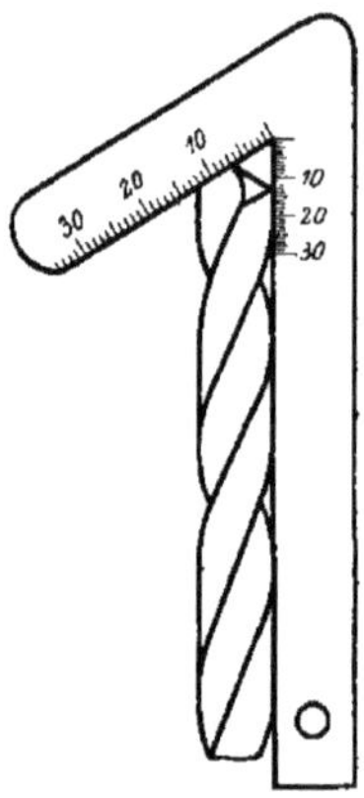

Fig. 68. Bohrerlehre.

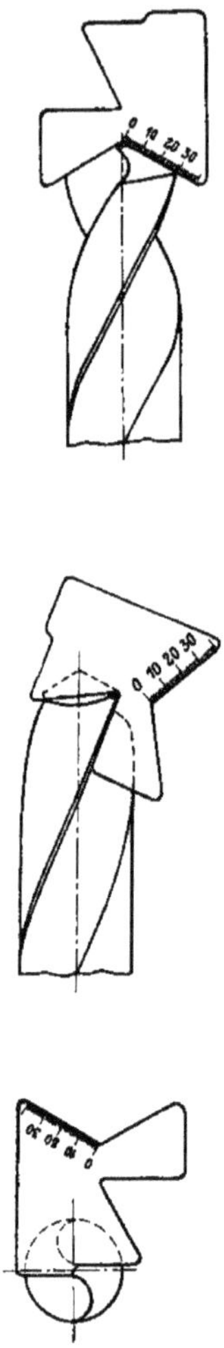

Fig. 69÷71. Bohrerlehre.

Wenn die Fase des Bohrers stark abgenutzt ist, so schleift man den Bohrer am besten rund bis auf das nächste Durchmessermaß, worauf die neue Fase angeschliffen wird.

Die Schnittverhältnisse der Spitze sind schlecht; der Kern wird deshalb vielfach (nicht immer!) so dünn geschliffen, wie er an der Spitze des neuen Bohrers gewesen ist; die eigentlichen Schneidlippen dürfen dabei nicht verletzt werden. Außerdem muß die Zuspitzung genau zentrisch sitzen. Besonders zum Bohren von Flußeisen und Stahl ist die Zuspitzung vorteilhaft. Fig. 66 zeigt einen richtig zugespitzten Bohrerkern. Man benutzt dazu kleine abgerundete oder abgeschrägte Schleifscheiben (vgl. Fig. 23). Gewundene Flachstahlbohrer müssen wegen ihres verhältnismäßig starken Kerns besonders kräftig angespitzt werden.

Wesentlich ist beim Schleifen von Spiralbohrern die Auswahl der richtigen, vor allem nicht zu harten und nicht zu feinkörnigen Schleifscheibe, sonst entstehen, zumal bei Naßschleifen, die gefürchteten Haarrisse (vgl. S. 35). Man nehme nicht zu starke Späne, schleife zunächst die eine Schneidkante an, drehe den Bohrer dann bis zur nächsten Lippe und schleife diese; in dieser Weise drehe man den Bohrer mehrmals herum solange bis beide Lippen fertig sind.

Spiralbohrerschleiflehren braucht man nur bei freihändigem Schleifen oder beim Schleifen auf einer normalen Werkzeugschleifmaschine mit aufgesetztem Spezialhalter für den Bohrer; sie seien nur der Vollständigkeit wegen aufgeführt. Mit diesen Lehren mißt man den Schneidenwinkel, den Hinterschleifwinkel, die achsiale Lage des Schneidenschnittpunktes und die Höhe der Schneidenschrägen. Solche Lehren zeigen Figg. 67 und 68. Sie gestatten eine Prüfung der Schneidenwinkel und der Mittenlage der Spitze. Die Lehre nach Figg. 69÷71 gestattet den Schneidenwinkel, den Hinterschleifwinkel und die Lage und richtige Form der Spitze zu prüfen.

Wenn so große Mengen von Spiralbohrern geschliffen werden, daß eine Schleifmaschine den ganzen Tag über beschäftigt ist, kommen automatische Spiralbohrerschleifmaschinen in Betracht. Diese Maschinen, von denen ein Arbeiter bis zu vier Stück bedienen kann, schleifen Spiralbohrer von beliebiger Form, Größe und Winkeln vollständig selbsttätig.

Spiralsenker. Die schraubenförmigen Stirnzähne der Senker lassen sich auf jeder Werkzeugschleifmaschine mit einer einfachen Kegelfläche versehen, die gewöhnlich ausreicht. Für die Herstellung der genauen Schraubenform gibt es Sonderapparate, bei denen das Hinterschleifen der Stirnzähne durch schraubenförmiges Bewegen der Aufspannspindel des Senkers mit Hilfe einer Kurvenscheibe erfolgt, die beim Schalten von Zahn zu Zahn ausgerückt wird.

Druck der Universitätsdruckerei H. Stürtz A.G., Würzburg.

Die Werkzeugmaschinen, ihre neuzeitliche Durchbildung für wirtschaftliche Metallbearbeitung. Ein Lehrbuch von Professor **Fr. W. Hülle**, Oberlehrer an den Staatl. Vereinigten Maschinenbauschulen in Dortmund. Vierte, verbesserte Auflage. Mit 1020 Abbildungen im Text und auf Textblättern, sowie 15 Tafeln. Unveränderter Neudruck. 1920. Gebunden Preis M. 102.—

Die Grundzüge der Werkzeugmaschinen und der Metallbearbeitung. Von Professor **Fr. W. Hülle** in Dortmund. In zwei Bänden. Dritte, vermehrte Auflage.

Erster Band: **Die Grundzüge des Werkzeugmaschinenbaues.** Mit 240 Textabbildungen. 1921. Preis M. 27.—

Zweiter Band: **Die wirtschaftliche Ausnutzung der Werkzeugmaschinen in der Metallbearbeitung.** In Vorbereitung.

Maschinenelemente. Leitfaden zur Berechnung und Konstruktion für technische Mittelschulen, Gewerbe- und Werkmeisterschulen, sowie zum Gebrauche in der Praxis. Von Ingenieur **Hugo Krause**. Dritte, vermehrte Auflage. Mit 380 Textfiguren. 1920. Gebunden Preis M. 15.—

Freies Skizzieren ohne und nach Modell für Maschinenbauer. Ein Lehr- und Aufgabenbuch für den Unterricht. Von **Karl Keiser**, Oberlehrer an der städtischen Maschinenbau- und Gewerbeschule zu Leipzig. Dritte, erweiterte Auflage. Mit 22 Einzelfiguren und 24 Figurengruppen. 1921. Gebunden Preis M. 10.—

Die Bearbeitung von Maschinenteilen nebst Tafel zur graphischen Bestimmung der Arbeitszeit. Von **E. Hoeltje** in Hagen i. W. Zweite, erweiterte Auflage. Mit 349 Textfiguren und einer Tafel. 1920. Preis M. 12.—

Die Technologie des Maschinentechnikers. Von Professor Ing. **Karl Meyer** (Köln). Fünfte, verbesserte Auflage. Mit 431 Textfiguren. 1920. Gebunden Preis M. 28.—

Technisches Denken und Schaffen. Eine gemeinverständliche Einführung in die Technik. Von Prof. Dipl.-Ing. **Georg v. Hanffstengel** in Charlottenburg. Zweite, durchgesehene Auflage. Mit 153 Textabbildungen. 1920. Gebunden Preis M. 20.—

Werkstatts-Technik. Zeitschrift für Fabrikbetrieb und Herstellungsverfahren. Herausgegeben von Prof. Dr.-Ing. **G. Schlesinger** (Charlottenburg). Jährlich 24 Hefte. Vierteljährlich Preis M. 15.—

Zu den angegebenen Preisen der angezeigten älteren Bücher treten Verlagsteuerungszuschläge, über die die Buchhandlungen und der Verlag gern Auskunft erteilen.

Wie man über die Werkstattbücher urteilt:

Der Direktor einer großen Maschinenfabrik:

Die übersandten 4 Werkstattbücher hatten mir bereits vorgelegen und ich habe gehört, daß dieselben namentlich in unsern Meisterkreisen, die doch am ersten wissen, was dem Facharbeiter nottut, recht gut beurteilt wurden. Wir haben daraufhin für unsere Kontrolleure, Vorreißer und Kalkulanten diese Bücher in mehreren Exemplaren bestellt und werden eine weitere Verteilung derselben im Betrieb vornehmen....

Der Direktor der Werkschule einer bedeutenden Werkzeugmaschinenfabrik:

Die mir freundlich übersandten Werkstattbücher habe ich durchgesehen. Was die Verfasser in ihnen bieten, ist in ausgezeichneter Weise geeignet, die in der Werkstattpraxis Stehenden zu fördern, umsomehr als hier wichtige Kapitel mit fachmännischer Gründlichkeit und dazu unter Verwendung gut ausgewählter Skizzen vor allem gemeinfaßlich geboten werden. Ich habe die vorliegenden Hefte in unserer Werkschule angelegentlichst empfohlen und bin überzeugt, daß sie infolge der engen Verbindung, die bei uns zwischen Werkschule und Betrieb besteht, auch in den Kreisen der Facharbeiter Eingang finden werden, zumal auch der Preis ein angemessener ist. Ich sehe den weiteren Neuerscheinungen mit Interesse entgegen.

Ein Oberingenieur einer großen Maschinenfabrik:

Die von Ihnen mir übersandten Bücher kenne ich bereits; ich halte sie für recht gut und habe auch bereits mehrere für unsere Vorzeichner, Kontrolleure und Meister bestellen lassen. Die zugesandten Hefte werde ich in unserer Werkschule für Lehrlinge und Praktikanten auslegen lassen und veranlassen, daß den jungen Leuten die Bestellung erleichtert wird....

Ein Oberingenieur der Werkzeugabteilung einer großen Elektrizitäts-Gesellschaft:

Den Inhalt der Hefte habe ich eingehend geprüft und kann nur mitteilen, daß derselbe mein volles Einverständnis gefunden hat und ich wünschen möchte, daß diese Bücher in keinem Betriebe fehlen sollten. Ich werde die mir übersandten Hefte unseren Beamten, vorwärtsstrebenden Arbeitern und Lehrlingen stets zur Verfügung stellen und die Anschaffung der Hefte dringend empfehlen. Da der Text in Verbindung mit den sehr gut ausgeführten Abbildungen und Skizzen leicht verständlich gehalten und der Preis der Hefte auch sehr niedrig gestellt ist, glaube ich annehmen zu dürfen, daß sie sich sehr leicht einführen werden.

GPSR Compliance

The European Union's (EU) General Product Safety Regulation (GPSR) is a set of rules that requires consumer products to be safe and our obligations to ensure this.

If you have any concerns about our products, you can contact us on ProductSafety@springernature.com

In case Publisher is established outside the EU, the EU authorized representative is:

Springer Nature Customer Service Center GmbH
Europaplatz 3
69115 Heidelberg, Germany

Batch number: 10682323

Printed by Printforce, the Netherlands